KB187675

남미가
나를
부를 때

안데스의 햇살, 바람 그리고 산

남미가 나를 부를 때

글·사진 김영미

살림

contents

Chapter 4
페루

Chapter 5
에콰도르

Chapter 6
콜롬비아

프롤로그

이 사진들은
내가 찍은 게 아니에요,
안데스의 햇빛이 찍은 것들이죠.

이 글들은
내가 쓴 게 아니에요,
안데스의 노래가 들려준 이야기죠.

그래서 내 것은 아니지만
마음이 기억하고
온몸에 인화된 것들이에요.

혼자만 갖기엔
너무도 벅차고 넘치는 축복이어서
함께 나누고 싶은 것들이에요.

안데스의 태양 아래
바람의 노래를 들으며
당신과 함께 다시 걷고 싶어요.

산이 나의 오아시스였듯이
이 시간의 풍경들이
당신의 오아시스가 되면 좋겠어요.

비우는 일

필요한 것들을 채우는 것보다
없어도 되는 것들을 비우는 게 일이다.

지금껏 짊어진 인생의 짐에 비하면야
무거울 것도 없겠지만

반대로 생각하면
인생의 짐만으로도 충분히 무거웠다.

짐을 벗으려고 떠나는 여행이니
설렘 가득한 마음, 배낭 하나면 충분하리라.

여행은 버리고 비우는 것부터 가르친다.
짐을 비워낸 자리, 행복을 채우는 여행.

TRASH BAG

Chapter 1
아르헨티나

낭만과 문화의 도시
부에노스아이레스

Buenos Aires

전통의 기품

트레일 코스 사이사이에 거치는 도시들이 있다. 부에노스아이레스는 기품 있는 유럽풍의 도시다. 우연히 들른 이 고풍스러운 서점이 정말 인상에 남았다.

유서 깊은 역사와 문화적 감성이 공간에 가득하다. 책을 읽지 않아도 마음이 풍요로워진다.

초대형 서점은 첨단 시설을 가진 복합 건물 어디에나 많이 있다. 그렇지만 이런 전통의 기품은 첨단 기술로 만들어낼 수 없을 거다.

아르헨티나, 부에노스아이레스
엘 아테네오 그랜드 스플렌디드 서점

엘 아테네오 그랜드 스플렌디드는 1919년에 극장으로 만들어져 쓰이다가 영화관으로 개조되었고, 2000년에는 서점으로 바뀌었다. 무대는 카페로 쓰이는데 라이브로 피아노를 연주하기도 한다.

Don't cry for me Argentina

아르헨티나의 퍼스트레이디 에바 페론의 생애나 업적에 대해서는 그다지 아는 바가 없다. 사생아로 태어나 불우한 어린 시절을 보내고 대통령 영부인의 자리에 올라 '에비타'라는 애칭으로 사랑받은, 그러나 젊은 나이에 숨을 거둔 한 여인의 기구한 삶. 나는 그녀를 추모하며 잠시 측은하고 애처로운 감상에 젖었다. 권세도 없고 유명인도 아닌 나의 평범하고 자유로운 삶에 다시 감사했다.

아르헨티나, 부에노스아이레스
레콜레타 묘지, 에바 페론의 묘

아르헨티나 대통령 후안 페론(Juan Perón)의 부인, 에바 페론(Eva Perón). 가난한 이들과 여성들의 절대적 지지를 받았고, 그들의 편에 서려고 노력했지만 서른셋에 백혈병과 자궁암이 겹쳐 세상을 떴다. 페론 집안의 반대로 가족 납골당 대신 레콜레타 묘지에 홀로 묻혔다. 에바 페론의 일생을 그린 뮤지컬 〈에비타(Evita)〉와 주제곡 「아르헨티나여 나를 위해 울지 말아요(Don't cry for me Argentina)」는 너무나 유명하다. 에바 페론의 묘에는 일 년 내내 추모객의 헌화가 끊이지 않는다.

"클래식이
대중화되는 건 위험하다
대중이 클래식화되어야 한다"

우리나라의 젊은 피아니스트가
콩쿠르 수상 소감에서 한 말이란다.
클래식에 문외한이라
이 말뜻을 정확히 모르지만,
이 극장에서 이 공연을 보는
나는 분명 클래식화되었다.

아르헨티나, 부에노스아이레스/콜론 극장

이탈리아 밀라노의 라 스칼라, 미국 뉴욕의 메트로폴리탄과 함께 세계 3대 오페라 극장으로 꼽는 콜론 극장. 유럽의 많은 극단들이 피서와 공연을 위해 찾는다. 좌석은 약 2,500석. 1908년 주제페 베르디의 〈아이다(Aida)〉를 시작으로 오케스트라, 발레, 오페라, 콘서트 등 다양한 문화 공연이 이어지고 있다.

동화처럼 예쁜 집

애니메이션 〈엄마 찾아 삼만 리(3000 Leagues in Search of Mother)〉의 무대 라 보카. 이탈리아 소년 마르코가 돈을 벌러 떠난 엄마를 찾아 헤매던 항구 마을이다. 라 보카는 탱고의 발상지이자 가난한 이민자들의 도시다. 오늘날 알록달록한 모습은 배에서 사용하다 남은 판자와 양철로 집을 짓고 남은 페인트로 칠을 해 만들어졌다. 이곳에는 고향을 떠나온 이민자, 부두 노동자, 뱃사람의 애환이 서린 탱고 음악이 차고 넘친다. 애환을 열정으로 표현해낸 그들의 탱고와 한을 흥으로 승화시킨 우리의 국악은 비슷한 맥락은 아닐까.

아르헨티나, 부에노스아이레스/라 보카

아르헨티나, 부에노스아이레스
라 보카 거리의 탱고 댄서

꽃은 시들지 않는다

꽃집을 운영하는 지인에게 받았던 꽃과
어버이날 아이들한테 받았던 카네이션 말고는
특별한 꽃 선물을 받은 적 없는데,

뜻밖에도 머나먼 이국땅에서
모르는 사람에게 꽃 선물을 받았다.

여행에 지친 남루한 이방인을
토닥이는 서프라이즈 이벤트.

그들이 준 꽃을 받아 마음속에 꽂꽂이했다.
마음속의 꽃은 영원히 시들지 않는다.

아르헨티나, 부에노스아이레스/길거리 꽃집

90대 할아버지, 60대 아들, 20대 손자 삼대가 함께하는 꽃집. 머리가 희끗한 노신사가 멋지게 꽃다발을 만드는 모습이 내 발길을 이끌었다. 꽃다발 만드는 모습을 물끄러미 바라보고 있는 내게 손자가 꽃다발을 내민다. 꽃을 바라보는 모습이 예뻐서 주는 할아버지 선물이란다.

거대한 물의 장벽
이구아수 폭포

Cataratas del Iguazú

아르헨티나/이구아수 폭포

추락이
끝은 아니다

절벽에 다다른 물이
물보라를 일으키며 떨어져내린다.

그러나 그 추락이 끝은 아닐 게다.

추락한 물은 소용돌이치며
새로운 물길을 열고
더 큰 세상을 향해 내달린다.

한 번의 추락, 씩씩한 질주.

아르헨티나/이구아수 폭포

세상의 끝
우수아이아

Ushuaia

받아들이는 것

설산의 빙하가 녹아서 흘러내린 물이
호수로 모여들어 고인다.

녹아내린 빙하의 아픔과
깎이고 부딪히며 생긴 상처,
먼 길을 돌아서 굽이쳐온 고단한 시간들.
호수는 그 모든 것들을 말없이 받아들인다.

인생도 호수처럼,
흘러온 아픔은 바닥에 가라앉고
표면은 영롱한 에메랄드로 빛나길.

아르헨티나, 우수아이아
에스메랄다 호수

우수아이아가 품고 있는 강, 호수, 산, 숲 모두를 즐기며 걸을 수 있는 길. 설산의 빙하가 녹아 생긴 강줄기가 산맥이 펼쳐진 벌판으로 유유히 흐르며 아름다운 곡선을 그린다. 하얀 고목으로 변한 렌가(Lenga) 나무들과 에메랄드빛 계곡물이 어우러진다. 렌가 나무는 파타고니아에서만 자라는 활엽수다. 가을에 여러 색으로 단풍이 드는데 그 경치가 장관이다.

뒤돌아보면

가파른 오르막을 오르다
숨이 턱에 차서 뒤돌아보니,

겹겹산들이 내 뒤를 배웅하듯 지켜보고
비글 해협이 손 흔들어 인사하고 있다.

앞만 보고 걸을 땐 몰랐는데
뒤돌아보니 내가 걸어온 길이 보인다.

"저 먼 길을 내가 걸어왔구나."
"저 먼 삶을 내가 걸어왔구나."

앞길이 멀고 까마득할 때 가끔은 뒤돌아볼 일이다.
이만하면 괜찮은 삶이었다고
스스로 칭찬하고 대견해할 일이다.

그리고 다시 걸어갈 힘을 얻는다.

아르헨티나, 우수아이아
마르티알 빙하

우수아이아를 한눈에 보고 싶다면 꼭 가봐야 하는 곳. 마르티알 빙하 정상에 서면 항구 도시 우수아이아와 비글 해협이 한눈에 담기고, 날씨만 좋으면 칠레 나바리노 섬(Isla Navarino)까지 보인다.

유랑

사람 흔적 없는 공간.

하늘, 구름, 바람,
투명한 바다와 벗한다.

잠시 바람에 몸을 맡기고
끝없이
유랑하는 구름이 되어본다.

아르헨티나, 우수아이아
티에라 델 푸에고 국립 공원

'불의 땅'이라는 뜻의 티에라 델 푸에고. 한여름에도 온도가 10도 이상으로 오르지 않고, 희귀한 이끼가 지천으로 덮여 있다. 계절이 바뀔 때마다 변하는 빙하의 색이 신비한 모습을 보여준다. 특히 가을이면 숲은 온통 붉은 색으로 물든다. 빙하와 호수 늪지대를 걸으며 사람의 손때가 거의 묻지 않은 청정 자연을 즐길 수 있다.

아르헨티나, 우수아이아/비글 해협

아르헨티나, 엘 찰텐/피츠로이 산

트레커의 성지
엘 찰텐

El Chalten

불타오른다

해발 3,405미터의 산을 향해
벼랑길, 돌밭 길을
온몸으로 헤쳐오를 땐
내가 미쳤지 여길 왜 왔나 싶다가도

트레일의 끝에서
이토록 신비하고도
장엄한 대자연과 마주하는 순간,

나도 모르게 울컥하고 뭉클해지면서
누군지도 모를 이에게 무조건 감사하게 된다.

그리고는 불타오르는 저 산처럼
나도 다시 불타오른다.

아르헨티나,
엘 찰텐/피츠로이 산

파타고니아 최고봉(3,405m), 세계 5대 미봉, 세계 3대 트레킹 중 하나로 꼽은 산. 연기를 내뿜는 산이라는 의미로 엘 찰텐이라 부른다. 상어의 이빨처럼 뾰족한 산군들이 장엄한 광경을 이룬다. 예측할 수 없는 날씨 때문에 선명한 모습을 보기가 쉽지 않은데, 이날은 구름과 안개가 걷혀 태양빛에 불타는 장관을 볼 수 있었다.

나
혼자
출렁인다

힘든 길을 걸어올라
마침내 눈앞에 호수가 나타난 순간,

웅장한 설산과 광활한 호수를
잠시 넋을 잃고 바라보다가,

나도 모르게 '어머나 세상에'를 연발하며
셔터를 눌러대기 바쁘다.

호수는 잔잔한데 나 혼자 출렁인다.
호수는 고요한데 나 혼자 시끄럽다.

스타를 향한 팬심이 이럴까.
짝사랑하는 소녀의 마음이 이럴까.

아르헨티나, 엘 찰텐/토레 호수 트레일

엘 찰텐에서 출발해 토레 호수까지 다녀오는 트레일은 비교적 걷기 편한 둘레 길이다. 거리는 좀 길지만(약 18km) 누구나 힘들이지 않고 피츠로이를 조망하고 돌아올 수 있다. 토레 산에서 내려온 수정 같은 유빙도 만져볼 수 있다. 호숫가에서 놀고 있는 여우는 사람을 무서워하지 않는다. 어쩌면 너무 외로워서 사람을 기다렸던 걸지도 모른다.

빙하의 땅
엘 칼라파테

El Calafate

차갑지만 ———— 아름다운

눈이 시리도록 푸르고 아름답다.
맑은 공기를 폐 속 깊이 들이마신다.
차가운 공기가 폐를 지나
뇌와 실핏줄 끝까지 산소를 공급해주는지
머리가 맑아진다.

지구온난화 때문인지는 잘 모르겠지만
얼음이 녹아 흘러서 빙벽의 생살이
떨어져내린다고 한다.

환경 운동가는 아니지만
환경을 위해서 내가 할 수 있는 거라도 해보기로 한다.
웬만하면 차 안 타고 걷기.
평소 내 철학이기도 하니까.

차갑지만 아름다운 이 장엄한 빙벽이
언제까지나 고고한 자태를 잃지 않기를 바라며.

아르헨티나, 엘 칼라파테
페리토 모레노 빙하

아르헨티나, 엘 칼라파테/페리토 모레노 빙하

남미의 스위스
바릴로체

Bariloche

아르헨티나, 바릴로체

여행에
쉼표를 찍는 시간

인간이 가장 살기 좋다는 고도 770미터에 자리 잡은 바릴로체.

적당한 구름, 적당한 바람, 적당한 햇살과 함께 길의 풍경이 한 편의 영화 예고편처럼 스쳐 지나간다. 깊은 산에 들지 않아도 원시의 자연에서 숨 쉬고, 힘들게 오르지 않아도 나우엘 우아피 호수에 안긴 안데스의 그림 엽서 같은 모습을 즐길 수 있는 곳.

남미의 스위스, 바릴로체다.

산은 물을 껴안고
물은 산을 품는다

높은 산도
이렇게 낮은 곳에 내려와
물과 섞여 흔들린다.

낮은 물도
이렇게 깊은 속을 내보이며
산과 함께 일어선다.

높고 낮은 지위가 무슨 소용이랴
이 아름다운 갑과 을의 동행.

사람도 이렇게
모두를 껴안고 품을 수 있다면
얼마나 좋을까.

아르헨티나, 바릴로체/카테드랄 산

가우디의 성당을 연상케 하는 첨탑의 산군, 카테드랄 산. 기기묘묘한 수십 개의 뾰족 성당이 신을 향해 하늘 높이 손을 뻗는다. 톤체크 호수의 투명한 물은 그 모습을 거울처럼 고스란히 담고 있다.

왜냐고
묻지 말자

북한산 인수봉 암벽에 클라이머들이
개미처럼 붙어 있는 광경을 보고
호기심이 일어 실내 암벽장에 몇 번 가봤다.

안전 로프 하나를 걸고
돌기 하나하나를 손으로 잡고 발로 밟아가며
한 걸음씩 옮길 때마다
내가 마치 스파이더 우먼이라도 된 듯
짜릿한 전율이 온몸을 휘감았다.
손끝과 발끝에 온 신경을 집중해야 하니
모든 잡념도 사라졌다.

그렇게 올라 정상에 서면
또 얼마나 큰 희열을 만끽할 수 있을지.
힘들고 위험한데 거길 왜 올라가냐,
이런 말은 하지 말기로 하자.

아르헨티나, 바릴로체
프레이 산장 앞 바위를 타는 사람들

프레이 산장(Refugio Frey) 좌측에 있는 엄청나게 높은 암벽에도 몇몇 사람들이 개미처럼 붙어 있다. 북한산 인수봉이 생각난다. 줄에 의지해 매달린 아찔한 모습을 카메라 렌즈로 당겨서 보니 발끝이 찌릿찌릿하다. 톤체크 호수 끝자락에 돌로 지어진 프레이 산장에 가려면 카테드랄 산 케이블카 입구에서 10km 정도를 올라가야 한다. 이곳에서 카테드랄 산을 조망할 수 있다.

아르헨티나, 바릴로체
로페즈 산장에서 바라본 나우엘 우아피 호수

가난한 자의 부유한 여행

호텔이나 택시는 무조건 패스.
가장 싼 비행기 예약.
걷거나 히치하이킹, 닭장 같은 버스.
모기와 벌레가 밤새 물어뜯는 숙소,
2,000원을 넘지 않는 식사, 또는 직접 해 먹기.

귀찮고 힘들고 불편하지만
깎고 아끼고 줄이면서 일 년 가까이 여행했다.

벌레 물린 자국들이
아직도 문신처럼 남아 있지만
여행에서 얻은 행복을
어떻게 돈으로 따질 것인가.

그토록 가보고 싶었던 곳에서
나에게 대접하는 탄산수 한 잔.

최고급 레스토랑의 값비싼 와인보다
더 부유한 기분.

붉은 협곡
살타

Salta

작은 소리, 큰 울림

눈이 둘인 건 멀리 보라는 뜻이고,
귀가 둘인 건 많이 들으라는 뜻이고,
입이 하나인 건 적게 말하라는 뜻이라고
누가 그랬다.

적게 말해도, 작게 말해도
큰 울림으로 다가갈 수 있다면 좋겠다.

몇 줄의 시 같은
밥 딜런의 나지막한 노래거나,
비틀즈의 「렛 잇 비(Let It Be)」처럼
어깨를 다독이는 위로이거나.

아르헨티나, 살타
카파야테 원형 극장

자연이 만든 콘서트홀. 무대가 붉은 암벽으로 둘러싸였다. 이곳에서 음악을 연주하거나 고함을 지르면 소리가 넓게 퍼진다.

무지개 산과 협곡
후후이

Jujuy

나무가 없어도
산은 산이다

산을 이루는 광물질이
이렇게 다른 색으로 층층이 쌓였다.
광물질 때문인지
나무는 없고 그냥 돌산이다.

나무가 없어도 산은 산이다.
가진 게 없어도 사람은 사람이다.

아르헨티나, 후후이/푸르마마르카, 일곱 색의 산

일곱 색의 산. 미네랄 성분이 각각 달라서 산의 색도 다르다. 마치 페루 비니쿤카의 무지개 산 같다. 무지개 산보다는 훨씬 작지만 가는 길이 무척 예쁘다.

시간의 퇴적층

열네 가지 색의 무지개 산.
시간은 쌓여 이렇게 아름다운 무늬를 새긴다.

하나둘씩 늘어나는 주름살에
보톡스라도 맞아볼까
친구들과 수다를 떨다가,

얼굴에 새겨진 인생의 무지개가 아닐까
싶기도 해서 그냥 놔두기로 한다.

어느 광고에 나온 말처럼
나이가 드는 게 아니라 멋이 드는 거라 믿으며.

아르헨티나, 후후이/우마우아카 협곡, 오르노칼 산맥

오르노칼 산맥(Serrania de Hornocal, 4,350m)은 여러 형태의 지층 변화와 침식 작용으로 생겼다. 열네 가지 색의 지층이 광대하고 웅장하다.

Chapter 2
칠레

파타고니아 최고의 절경
토레스 델 파이네

Torres del Paine

나는 그립고
그는 기다린다

트레킹의 목적은 아름다운 풍경을 즐기며 걷는 것, 그 자체다. 하지만 그 길의 끝에서 만나게 될 대자연에 대한 기대와 설렘이 없다면, 더위와 강풍을 이겨내고 오르막과 내리막을 반복하며 수천 미터의 고산을 오르는 건 쉽지 않다.

이렇게 힘들게 도달했는데 궂은 날씨 때문에 선명한 경관을 볼 수 없을 땐 실망이 크다. 다행히도 이날은 모세의 기적처럼 구름이 갈라지고 하늘이 열려 웅장한 바위산의 생생한 나신을 볼 수 있었다.

나는 정말 그리웠고 그는 기다려주었다. 만나야 할 사람은 만나게 된다.

칠레, 토레스 델 파이네/브리타니코 전망대

서 있기조차 힘든 강풍과 크고 작은 화산암이 뒹구는 돌너덜길을 힘들게 올라와 브리타니코 전망대(Mirador Britanico)에 오르자 하늘이 열리기 시작한다. 닫힌 구름을 뚫고 나온 빛이 바위산을 노란 치즈 케이크로 만든다. 다크 초콜릿으로 마무리한 치즈 케이크의 행렬이다. 신비롭다. 말이 필요 없는 순간이다.

타임머신

타임머신을 타고 수만 년 전으로 되돌아가 이곳에
도착했다. 지하에서 융기한 화강암을 수만 년간
빙하가 깎아냈다. 태고의 신비가 그대로다.

신이 빚어낸 예술품인지 시간이 깎아낸 조각품인지
오늘로 돌아오고 싶지 않은 오래된 과거.

칠레, 토레스 델 파이네/라스 토레스

토레스 델 파이네의 하이라이트. 지표면으로 융기된 거대한 화강암 덩어리가 빙하 작용을 거쳐 지금의 라스 토레스(Las Torres)가 되었다.

들꽃의 바다

비와 바람의 안내를 받으며
걸었던 길의 끝에는
들꽃의 바다가 있었다.

들꽃이 바람에 휘날리며
꽃보라를 일으킨다.

칠레, 토레스 델 파이네/아마르가 호수(Laguna Amarga)

토레스 델 파이네 트레일의 시작과 끝. 하얀 들꽃이 가득한 언덕을 과나코 (guanaco) 무리가 산책하고 있다.

길 위에서 만나다

파이네 그란데 산장으로 가는 보트 선착장.
태풍 같은 바람이 부는 그곳에서
작은 오두막에 의지해
바람을 피하고 있던 그녀를 만났다.

빨간 능금, '희정.'

한국인이라는 반가움, 고마움 …
그리고 길동무가 생겼다는 즐거움.
여린 모습과는 달리
빨간 능금처럼 단단하고 달콤한 사람.

출렁거리며 춤추는 꽃밭, 오솔길을 걷는 여우,
토레스 델 파이네에 걸린 무지개,
바다같이 큰 호수에 이는 물안개 바람,
우릴 날려버릴 듯한 강풍, 황금빛 바위, 빙하와 유빙
그리고 해맑은 모습의 라스 토레스까지.
3박 4일의 화려한 외출이었다.

칠레, 토레스 델 파이네/3박 4일을 함께 걸은 희정

파타고니아의 관문
푸에르토몬트

Puerto Montt

하늘이 바다에
내려오고
빛이 바다에
빠진다

한 장의 그림 엽서.

칠레, 푸에르토몬트/칼부코

푸에르토몬트에서 버스로 한 시간이면 갈 수 있는 아주 작은 어촌 마을 칼부코(Calbuco). 빨강, 파랑, 노랑으로 칠한 작은 배의 그림자가 바다에 투영되어 영롱하게 빛난다. 나폴리의 바다가 이보다 더 아름다울까?

TAJAMAR

일곱 색깔 무지개
칠로에 섬

Isla de Chiloe

천국으로 가는 계단

앞쪽에는 태평양이 펼쳐져 있다.

영혼을 위로하고자 만든 천국으로 가는 선착장.
학창 시절 들었던 레드 제플린의 노래
「천국으로 가는 계단(Stairway to heaven)」이 떠오른다.

유난히 파도가 심하게 치는 이곳에서
추모노는 저세상으로 가지 못한
영혼의 울음소리를 들었나 보다.

칠레, 칠로에 섬/무에예 데 라스 알마스(Muelle de las Almas)

에코 아티스트 추모노(Chumono)가 마푸체(Mapuche) 인디언의 영혼을 위로하고자 만든 작품이다.

남미의 독일
푸에르토바라스

Puerto Varas

워킹 맘Working Mom에서
워킹 우먼Walking Woman으로

나는 공부밖에 모르는 모범생이었다. 박사학위도 받았고 전공을 살려 사업체도 잘 운영했으며 교수로 강의도 했다. 늘 바쁘고 분주하게 살았다. 아이들도 별 탈 없이 잘 자랐으니 엄마 노릇도 나름 잘해냈다. 이만하면 잘살고 있다고 생각했다. 그러나 늘 긴장의 연속인 데다 워킹 맘의 고단한 삶까지 더해져 나는 많이 지쳤었다. '행복한가?'라고 스스로에게 물었다. 아니었다. 잠깐 쉬어 가자며 산에 첫발을 디딘 게 6년 전이다. 모범생으로 살아온 삶에서 첫 일탈이었다.

그리고 나는 또 다른 세상을 만났다. 전국의 산을 누비기 시작했고 겁도 없이 히말라야 트레킹을 쫓아다녔다. 곧이어 사업을 접고 학교에 사표를 내고, 두 차례의 해외 장기 트레킹을 감행했다. 워킹 맘에서 워킹 우먼으로 한발 내딛은 지금, '나는 행복한가?'라고 묻는다면 그렇다고 답하겠다.

포기해야 할 것들을 생각하면 늘 두렵지만 이 또한 행복한 고민으로 받아들인다. 새로운 길에 대한 기대와 설렘, 갈망이 더 크기 때문이리라.

쉰네 살에 첫걸음마를 떼고 나는 지금 오소르노 화산, 얼음의 구름 위를 걷고 있다. 내일은 또 어디를 걷고 있을지 알 수 없지만 이것만은 분명하다. 저벅저벅, 성큼성큼 그렇게 걸을 거다.

칠레, 푸에르토바라스/오소르노 화산 정상에서

오소르노(Volcán Osorno, 2,660m)는 안데스 산맥 남부에 있는 화산으로, 정상부터 삼분의 일은 늘 만년설로 덮여 있다. 산의 정상에 오르려면 빙벽 등반을 위한 장비와 가이드가 필요하다. 정상에 오르기 직전 마지막 30분은 경사도가 거의 90도에 가까워서 무척 힘들다. 정상에 서면 산 아래는 온통 구름이, 산 위는 만년설이 쌓여 있어서 어디가 구름이고 어디가 만년설인지 구분이 어렵다. 마치 구름 위에 오른 듯하다.

활화산 비야리카
푸콘

Pucón

목표는 있지만
경쟁은 없는 세상

많은 이들이 비야리카 화산을 향해
한 방향으로 오른다.

누구도 먼저 가려고 서두르지 않는다.
경쟁의 질주가 아닌 동행의 행렬이다.

세상의 현실이 경쟁의 연속이라지만
치열한 경쟁 속에 우린 얼마나 지쳐가고 있나.

"속도가 아니라 방향이다."
그래서일까 나는 이 말이 참 좋다.

칠레, 푸콘/비야리카 화산

푸콘에 있는 높이 2,847m의 활화산 비야리카. 등반에는 7시간 정도가 소요되고 정상에는 시뻘건 용암이 끓고 있다. 정상에서 비야리카 호수와 안데스 산군이 멋지게 보인다.

내 안의 용암은 끓고 있는가

활화산의 분화구를 실제로 본 건 처음이다.
매캐한 유황 냄새,
검은 연기를 내뿜으며
시뻘건 용암이 끓고 있었다.

주체할 수 없이 끓어넘치던 시절이 그립다.
청춘이라고 부르던 그 시절,
아무것도 무서울 게 없었고
무엇이라도 할 수 있을 것 같던 그때의 마그마.

나에게 물어본다.
내 안의 용암은 아직도 끓고 있는가.

칠레, 푸콘/비야리카 화산 분화구

활화산의 분화구는 용광로 같다. 유황 냄새, 검은 연기, 가끔씩 '펑' 하는 굉음과 함께 화산재가 하늘 높이 솟구친다.

4D 영화관

용암을 보고 내려오는 길.

흥분이 채 식지도 않았는데
다시 흥분이 덮친다.
피켈을 이용해 적당히 속도 조절을 해 가며
봅슬레이 타듯 미끄러진다.
눈이 많이 쌓인 구간은 수영장의 플룸라이드 같다.
앉아서 엉덩이를 살짝 들면
엄청난 가속이 붙어서 스릴을 맛볼 수도 있다.
미끄러지는 내내 비야리카 호수와 푸콘 시내가
파노라마로 펼쳐진다.

이곳은 와이드 스크린이 있는 4D 영화관이다.

칠레, 푸콘/비야리카 화산에서 눈썰매를 타다

해산물의 도시
발디비아

Valdivia

활기 넘치는 깨끗한 유럽풍의 소도시, 발디비아.

센트로를 걷는데 어디선가 음악 소리가 들렸다. 발길이 멈춘 곳은 그룹 발파라이소 앞. 많은 사람들이 둘러앉아 신나고 꽉 찬 느낌의 음악을 즐기고 있었다. 그 틈에서 한 곡, 두 곡, 세 곡을 듣다가 결국 바닥에 앉아 한 시간 가까이 음악을 들었다.

여행자에게 버스킹은 시원한 탄산수다.

칠레, 발디비아/그룹 발파라이소의 버스킹

천상의 레시피

먹방이 대세다. 일류 셰프들이 온갖 재료들을 모아서 듣도 보도 못한 새로운 음식을 만들어내고, TV에 나온 맛집은 문전성시를 이룬다. 정말 그렇게 맛있을까? 도대체 인간은 얼마나 잘 먹어야 하나?

바다에서 갓 건진 백합 조개에 레몬 한 방울을 똑!

자연의 재료는 그 자체만으로 천상의 레시피가 된다.

칠레, 발디비아/어시장

그래피티 천국
발파라이소

디지털과 아날로그

내 전공은 컴퓨터 소프트웨어다.
0과 1이라는 숫자로 이루어진 디지털 세상에
갇혀 살다보니 아날로그 감수성이 메말라 있었다.

그래서 아름다움에 더 목말랐는지도 모른다.
나는 카메라에 세상의 색깔을 담기 시작했다.

특별한 지식이 없어도 빠져들 수 있는 감성의 세계.
아름다운 풍경, 아름다운 거리, 아름다운 표정.
그런 것들을 닮아가는 아름다운 나를 소망하며.

Cata Boye 2015
Cuento sin fin...

칠레, 발파라이소
콘셉시온 언덕의 벽화

도시 전체가 거대한 그래피티 천국이다. '천국의 골짜기'라는 뜻의 발파라이소는 슬럼화된 콘셉시온 언덕에 생명을 불어넣은 벽화 사업으로 유명해졌다. 벽과 지붕, 계단까지 알록달록한 색을 칠하고 여러 가지 그림을 그려놓았다.

FEEL

칠레 최고의 휴양지
비냐델마르

Viña del Mar

칠레, 비냐델마르/히치하이킹으로 만난 하비에르 가족

인연의 끈을 만들고
이어 가는 법을 배우는 곳,
여행길

2017년 1월, 2월, 10월. 일 년 동안 세 번이나 만난 가족. 푸콘에서 히치하이킹으로 인연을 맺고, 만남을 이어오며 이들 가족뿐 아니라 하비에르의 친구, 외할머니, 친할머니, 친할아버지의 집까지 함께 방문하며 가족 이상으로 친해졌다. 하비에르의 아버지는 가난한 여행자를 배려해 식사부터 교통비까지 모든 비용을 내주었다. 내가 부담스러워할 때마다 "우리가 한국에 가면 당신이 지불하면 된다"며 마음 편하게 해준 속이 깊은 사람이다. 언젠가 하비에르 가족이 꼭 한국에 오길 희망한다.

세상에서 가장 메마른 사막
아타카마

Atacama

결핍과 상실의 땅

지구에 있는데 달의 계곡이라 부른다.
달 표면처럼 울퉁불퉁한데 하얀 달은 아니다.
가도 가도 끝이 없을 것만 같은 황토 사막,
화성쯤 되는 먼 행성에 온 듯한 착각을 불러일으킨다.

콘크리트 바닥에도 풀이 나는데
이마저도 없는 메마른 사막.
흙 말고는 아무것도 없는 결핍과 상실의 땅이다.

이 아무것도 없는 땅에서 나는 깨닫는다.
난 참 가진 게 많은 사람이구나.

칠레, 아타카마/달의 계곡

일 년 내내 비가 거의 내리지 않는, 지구에서 가장 메마른 사막. 지형이 융기되고 깎여서 지금처럼 환상적인 모습이 되었다.

사람 ______________ 여행

여행을 떠나며 느끼는 설렘 가운데 하나,
가슴 따뜻한 사람들을 만나는 것이다.

후후이 버스 터미널에서 만난 두 사람, 프랑스에서 온 알베르와 바스토렛. 내 배낭을 들어보곤 어찌나 놀래는지! 우연히도 아타카마로 가는 버스를 함께 탔다. 아타카마에 도착해 각자의 숙소로 헤어졌는데 그날 저녁 센트로에서 다시 만났고, 저녁 식사에 초대받았다. 그 후 사흘 동안이나 저녁 식사를 함께했다. 프랑스 남부의 자그마한 섬에 살면서 낚시를 즐기고 요트도 가지고 있다는 둘. 참 여유로운 노년을 보내고 있는 두 사람은 아주 어릴 적 동네 친구란다.

둘은 떠나면서 남아 있던 치즈와 빵을 싸주었다. 가난한 배낭 여행자에겐 참 고마운 선물이었다. 게다가 아르헨티나로 돌아가니 이젠 필요 없다며 적지 않은 금액의 칠레 페소를 모두 내게 주었다. 길지 않은 사흘간의 만남이었지만 진심으로 마음이 통하는 사람을 만나 가슴이 더욱 따스해졌다.

칠레, 아타카마/후후이에서 아타카마로 가는 버스에서 만난 친구

엄마의 호수

여행 중에 엄마가 돌아가셨다. 마지막으로 찾아뵈었을 때는 정정하셔서 별걱정 없이 떠나왔는데 갑작스런 비보에 모든 걸 취소하고 서둘러 돌아왔다. 엄마는 자식들에게 당신의 평생을 내주고도 모자라 죽어서까지도 꼬깃꼬깃한 유산을 남겨주셨다.

생물에게 먹을 것을 대주는 이 호수에서
자식을 먹이고 키워낸 엄마의 일생을 보았다.

크고도 깊은 엄마의 마음을 보았다.

칠레, 아타카마/착사 호수

착사 호수는 선명한 파란색을 띤 소금물 호수로 분홍색 플라밍고들이 산다. 플라밍고 호수라고 부르기도 한다.

하늘에서 바라보는 안데스

— Andes

갈
아
타
기

장기간의 트레킹으로 비행기는 서너 번, 버스는 백 번 이상 갈아탔다. 한 번에 갈 수 없는 먼 곳이거나, 때로는 행선지나 일정이 바뀌어서이기도 했다. 갈아탈 때마다 낯선 곳에 대한 두려움과 설렘이 교차했고, 아쉬운 이별과 새로운 만남이 반복되었다. 하지만 대부분 괜찮은 선택이었다.

때로 인생의 행로가 내 마음과 다르게 바뀔지라도
갈아타기를 주저하지 말자.

칠레/하늘에서 바라보는 안데스의 빙하

푼타아레나스(Punta Arenas)에서 푸에르토몬트로 가는 비행기 안. 안데스의 빙하가 보인다. 저 빙하 위를 걸을 생각에 벌써부터 가슴이 콩닥거리고 발끝은 찌릿하다.

Chapter 3

볼리비아

세계에서 가장 큰 거울
우유니

Uyuni

한없이 평화로운

파란 빛깔의 소금 호수를
플라밍고 떼가
분홍빛으로 물들인다.

사람이 많은 곳에 가면
떠들썩하고 무질서해서 불안한데,

생물들이 떼 지어 있는 이 풍경은
어찌 이리도 평화로운지.

볼리비아, 우유니 사막/콜로라다 호수의 플라밍고

남미에서 가장 매력적인 곳, 우유니 사막은 세계 최대의 소금 사막이다. 이곳의 콜로라다 호수는 온통 플라밍고로 뒤덮여 있다. 호수의 물빛조차 플라밍고의 분홍빛이다.

수직의 긴장감,
수평의 평온함

오르고 내려가는 수직의 긴장감 속에서 산길을 걷는다.

발을 헛디뎌서 넘어질 수도 있고, 낙석의 위험도 도사린다. 머리가 아픈 고산병이나 무리한 일정으로 인한 탈진 증세가 오기도 한다. 스스로 컨디션을 체크해야 한다.

긴장의 연속이다.

수직의 트레킹을 마치고 평지로 내려와 긴장감에 지친 몸을 온천에 담그니 어느새 피로가 가시고 노곤함이 밀려온다.

온천에 몸을 담근 채 바라보는 수평의 평온함. 그 여유와 행복은 이루 말할 수 없다.

볼리비아, 우유니 사막/노천온천

황량한 사막 한가운데 있는 노천온천. 사막과 온천, 전혀 어울리지 않는 조합이라서 더욱 매력 있다.

볼리비아, 우유니 사막

지구의 거울

변하는 시간을 그대로 담아내는
풍경의 데칼코마니,

우유니 사막의 소금 호수는
지구의 거울이다.

그러나 하늘이 아름답지 않다면
물빛인들 아름다울 수 있을까?

볼리비아, 우유니 사막/선셋

한국인들이 가장 좋아하는 물이 들어 찬 우유니. 지각 변동으로 융기된 바다는 빙하기를 거치며 호수가 되었는데, 건조한 기후로 인해 물은 증발하고 소금 결정체만 남았다. 우기인 12월부터 3월에는 호수에 물이 고인다. 낮에는 푸른 하늘과 하얀 구름이, 밤에는 별빛이 반사되어 절경을 보여준다.

내 곁에 누군가

누가 그랬다.

"누구를 사랑하는지 알고 싶다면 멀리 여행을 떠나라.
깊은 밤 홀로 있을 때 곁에 있어 주었으면 하는 사람,
바로 그 사람일 테니."

떠오르는 사람이 너무 많은 밤이다.
나누고 싶은 별들이 너무 많은 밤이다.

엄마, 아이들, 친구들, 산우들, 동행인까지.

어쩌면 좋은가? 잊어야 할 사람까지 끝내 떠오른다.

남미의 보석 상자
라파스

La Paz

어둠을 밝히는 보석 상자

가끔은 체력을 키우려 밤에 산을 오른다. 한낮의 북적이는 인파도 피하고, 시원한 밤바람에 실려오는 숲 향기와 멀리 반짝이는 불빛을 보는 것도 야등의 큰 즐거움이다.

볼리비아를 여행하며 보석 상자 같은 야경을 보았다. 멀리서 보는 밤 풍경은 아름답다. 그러나 저 골목들과 집 하나하나에 얼마나 많은 고단한 삶들이 살고 있을지.

그래도 환하게 마음을 밝히는 사람의 불빛은 얼마나 아름다운가.

볼리비아, 라파스/킬리킬리 전망대

해발 3,600m에 건설된 볼리비아의 수도 라파스. 가장 높은 곳이 4,000m가 넘는다. 밤이 되자 언덕까지 빈틈없이 들어선 건물에서 밝힌 불빛으로 도시는 보석 상자처럼 반짝인다. 킬리킬리 전망대에 오르면 이 찬란한 야경을 즐길 수 있다.

에덴의 정원 소라타

Sorata

깊고 깊은 산속 작은 마을.
하늘 아래 첫 동네.
세상과 단절된 가공하지 않은 보석,

그곳에 사는 사람들.

볼리비아, 소라타/소라타 사람들

볼리비아, 소라타/칠라타 호수(Laguna Chilata, 4,200m)

볼리비아의 낙원
코파카바나

Copacabana

볼리비아, 티티카카 호수/코파카바나

제주도 면적의 4.5배인 티티카카 호수. 마치 바다 같다. 해발 3,800m에 자리한 티티카카는 세계에서 가장 높은 호수로 서쪽으로는 페루, 동쪽으로는 볼리비아에 걸쳐 있다. 코파카바나는 티티카카 호수에 접한 도시로 송어로 만든 트루차가 특히 유명하며 볼리비아의 낙원이라 불린다.

잉카 황제가 태어나다 태양의 섬

Isla del Sol

믿음의 크기

잉카인들은 태양과 달이 이 섬에서 태어났다고 믿었다.
믿음이나 신앙은 천체물리학 같은 것과는 거리가 멀겠지.
믿음의 크기는 우주의 크기.

볼리비아, 티티카카 호수/태양의 섬

코파카바나에서 1시간 반 정도 배를 타고 가면 태양의 섬에 도착한다. 이곳에는 180개 이상의 잉카 유적이 있다. 16세기 잉카인들이 만들어놓은 길을 따라 걷는 태양의 섬 횡단 트레일에서는 눈이 시리도록 파랗고 아름다운 티티카카 호수를 감상할 수 있다.

빛의 카멜레온

태양의 색이 변하고 있다.
황금빛 태양이 지평선 너머로 내려가면서
주황빛에서 보랏빛으로, 푸른빛으로.

그리고 점점 어두워지더니
무수히 많은 별들이 빛을 쏟아낸다.

저물더라도 빛이 나는
저문 후에도 빛이 나는
아름다운 일몰.

볼리비아, 티티카카 호수/태양의 섬 일몰

Chapter 4

페루

갈대로 만든 섬
우로스 섬

Isla de los Uros

욕심 없는 땅

진흙 위에 갈대를 층층이 엮어서
물 위에 뜨는 땅을 만든다.

거대한 뗏목이나 작은 섬이라고 할 수 있는데
그 위에 집을 짓고 산다니 땅은 땅이다.

땅값이나 개발 따위 전혀 관심 없는

욕심 없는 땅이다.

페루, 푸노 티티카카 호수/우로스 섬

티티카카 호수 근처에서 자라는 '토토라(Totora)'라는 갈대를 엮어서 만든 섬을 '우로스'라 한다. 집도 배도 갈대로 엮어서 만든다.

잉카의 도시
쿠스코

Cusco

페루, 쿠스코, 성스런 계곡/살리네라스

해발 3,000m의 산비탈에 층층히 만들어진 소금밭 살리네라스. 바다가 융기된 곳이라 물에 염분이 많다. 위에서 아래로 흘러내린 물이 증발하면 하얀 소금밭으로 변한다. 잉카인이 만든 사각형의 계단식 소금밭이 2,000개가 넘는다.

눈물은
왜
짠가?

염전의 맨 밑바닥에
가라앉아 있다가

태양이 물기를 말리고
바람이 물기를 훑어가면
가라앉아 있던 소금이
백금처럼 반짝이며 밖으로 나온다.

마음의 맨 밑바닥에
가라앉아 있다가
눈물도 그렇게 수정처럼 밖으로 나온다.

눈물을 보이지 않으려고
걷고 또 걸었던 때도 있었다.

눈물 대신 땀이 나왔다.
피부에 허옇게 염분이 말라붙었다.

땀은 또 왜 짠가?

-함민복의 시 〈눈물은 왜 짠가〉를 읽고

미슐랭 맛집

다행히 먹성이 좋은 편이라
길거리 음식이나 낯선 향신료도
가리지 않고 잘 먹는다.

여행의 즐거움 중에 먹는 즐거움도
빼놓을 수 없다지만,
고급 레스토랑을 일부러 찾아가지는 않았다.

우연히 들른 작은 식당.
우리가 '이모'라고 부를 법한
그런 아주머니가 차려준 2,000원짜리 만찬.

미슐랭 맛집이 따로 없다.

페루, 쿠스코, 성스런 계곡/마라스-모라이 삼거리 로컬 식당

모라이와 살리네라스 삼거리에 있는 현지 식당. 치차론과 피망 튀김을 먹었다. 치차론(chicharron)은 돼지고기를 튀긴 음식이고, 피망 튀김은 콩과 여러 야채를 넣고 튀긴 것인데 매콤했다. 가격은 5솔(약 2,000원). 이름 없는 식당이지만 미슐랭 가이드의 어떤 식당보다도 멋진 곳이었다.

마음의 무늬

사람마다 다르겠지
마음의 무늬.

미움, 후회, 고뇌, 갈등, 절망, 불안, 집착.
마음의 무늬가 이런 색깔이 아니었으면 좋겠다.

유쾌, 웃음, 환희, 행복, 평화, 기쁨, 보람.
마음의 무늬가 이런 색깔이면 좋겠다.

페루, 쿠스코, 비니쿤카/무지개 산

눈과 화산 활동으로 얼음이 침식되면서 드러난 다양한 광물 때문에 융기된 곳에 따라 서로 다른 색을 띤다.

마부, 여자

무지개 산 4,800미터 지점까지
여행객들을 말에 태우고 올라간다.

우리나라 해녀들이 다 여자인 것처럼
이곳 마부들도 거의 다 여자인데
가족의 생계를 책임지고 있는 듯하다.

나도 혼자서 가족의 생계를 책임지고
일했던 적이 있었다.

남자면 어떻고 여자면 어떠랴,
노동의 가치와 아름다움을 성별로 따지는 건
부질없다.

페루, 쿠스코, 비니쿤카/무지개 산의 마부들

무지개 산 해발 4,800m까지는 말을 타고 쉽게 오를 수 있다.

구름 속 공중 도시, 마추픽추

어떻게 이런 곳에 이토록 경이로운 문명을
이루고 살았는지 그저 신비하기만 하다.

이 강성한 문명의 제국이 또 어쩌다 허망하게
무너지고 말았는지 그것 또한 서글프고 안타깝다.

전설에 따르면 패망 이후 잉카인들은
제2의 마추픽추를 건설하기 위해
어디론가 사라졌다고 한다.
그곳은 또 어디일까?

영화와 번영은 계속될 수 없는 걸까?

페루, 쿠스코/마추픽추

해발 2,430m에 자리 잡은 공중 도시 마추픽추. 1911년 미국인 고고학자 하이럼 빙엄(Hiram Bingham)이 발견하고서야 세상에 드러났다. 기암절벽과 열대 정글에 둘러싸인 비밀 도시로 20톤 이상의 거대한 돌을 정교하게 쌓아 만든 벽, 계단식 논, 관개 수로 등이 아직도 놀라움을 자아낸다.

소박한 환영

가지런히 놓인 파란 플라스틱 그릇에
손 씻을 물을 받아 놓고 여행객을 기다린다.

호텔처럼 웰컴 드링크나 환영 꽃바구니 같은 건 없어도
투박하지만 진심 어린 미소로 맞아주는
소박한 환영에 내일 갈 길이 더욱 설렌다.

페루, 쿠스코/잉카 트레일

잉카인의 옛길을 따라 마추픽추까지 걷는 트레일. 보통 3박 4일이 걸린다. 잉카 트레일에 출입 가능한 인원은 하루 500명으로, 가이드를 비롯해 투어에 참여하는 모든 스텝과 여행객을 합친 수다. 때문에 실제로 트레킹하는 여행객은 얼마 되지 않는다. 사진의 파란 그릇엔 트레킹에 참여한 여행객들이 손 씻을 물이 담겨 있다.

떠나온 사람, 찾아온 사람

트레킹 일행과 이야기를 나누다 보니
크게 두 부류의 사람들이다.

뭔가를 잊거나 벗어나고 싶어서 떠나온 사람.
가보고 싶어서, 걷고 싶어서 찾아온 사람.

떠나왔든 찾아왔든 아무렴 어떠랴.

걷다 보면 잊거나 벗어나게 되고
놀라움과 즐거움, 여유와 행복으로
충만해지는 새로운 나를 만나게 된다.

페루, 쿠스코/잉카 트레일

3박 4일의 잉카 트레일을 즐기는 여행객들.

백색 도시
아레키파

Arequipa

오늘도
수고했어

뜻밖의 보너스나 성과급이 나오는 것만큼
반갑고 기쁜 일이 있을까?

하루 20여 킬로미터의 강행군으로 트레킹을 마치고
사활이 걸린 큰 프로젝트를 수행해낸 개선장군처럼
의기양양하게 목적지에 도착,
이것만으로도 충분히 보람차고 뿌듯한 하루인데.

뜻밖에도 시원한 수영장이
'오늘도 수고했어'라며 반겨준다.

땀과 흙먼지로 뒤범벅된 몸을 물에 담근다.
트레킹이 주는 최고의 보너스!

페루, 아레키파/콜카캐니언 트레일

해발 3,287m의 카바나콘데(Cabanaconde)에서 2,100m의 산가예(Sangalle)까지 1,200m를 내려갔다가 오르는 콜카캐니언 트레일. 가파른 협곡 사이를 지그재그로 돌며 내려가기도 쉽지 않지만, 오르는 길은 그야말로 지옥이다. 콜카 강의 바닥까지 내려가면 가장 깊은 곳에 아주 조그마한 오아시스 마을, 산가예가 있다. 트레킹을 마치고 산가예의 풀장에서 즐기는 수영은 하루의 고단함을 위로하기에 충분하다.

안데스의 노래
엘 콘도르 파사

안데스는 '하늘까지 이어지는 밭'이라는 뜻이다. 가파른 고원 지대에 밭을 일구고 산 인디오의 삶이 스며 있다.

안데스를 걷는데 여고 시절 들었던 노래, 사이먼 앤 가펑클의 「엘 콘도르 파사(El Condor Pasa)」가 떠올랐다. 잉카의 마지막 왕이 콘도르로 환생해 안데스 창공을 날아다니며 인디오들을 보호한다는 노래다. 잉카의 몰락과 전설이 서글프다.

콘도르의 영혼이 낯선 이방인의 안녕을 지켜준 덕분일까. 일 년간 이어진 남미 트레일을 아무런 사고 없이 마칠 수 있었던 것은.

페루, 아레키파/콜카캐니언과 콘도르 전망대

안데스를 따라 흐르는 콜카 강이 만든 협곡, 그랜드캐니언보다 깊은 곳.
거기에 안데스의 대표 동물 콘도르가 산다.

사막 마을
우아카치나

Huacachina

페루, 우아카치나/오아시스 마을

거대한 모래사막 한가운데 자리 잡은 오아시스 마을 우아카치나. 노을이 지기 시작할 무렵의 우아카치나는 너무나 사랑스럽다.

산, 나의 오아시스

오아시스는 거주지라는 뜻의 이집트어
'ouahe'에서 유래된 말이라고 한다.

산이 나의 거주지는 아니지만
산은 언제나 나의 오아시스였다.

찾아가면 언제나 말없이 반겨주고
외로움과 서러움 같은 삶의 갈증을 풀어주는 산.

산이 나의 오아시스였듯이
나 또한 누군가에게 오아시스가 될 수 있을까?

"사막이 아름다운 건 어딘가에
오아시스를 숨기고 있기 때문이지"라고
어린 왕자가 말한 것처럼.

신나게 내려가자

작은 사업체를 운영하면서
힘들어할 때 누군가 내게 말했다.

"그건 네가 올라가고 있다는 증거야.
내려가고 있다면 힘들겠니?"

그 말에 힘을 얻어 열심히 일했지만
힘든 건 마찬가지였다.

지금은 모든 일을 내려놓고
내려가는 중이다.

내려놓거나 내려가는 것도
많은 고민이 따르기에
마냥 쉽지는 않지만

일부러라도 신나게 내려가려 한다.

페루, 우아카치나/샌드 보딩

우아카치나 사막 투어의 핫 포인트는 샌드 보딩이다. 4륜 구동 버기카로 가파른 모래 언덕을 질주하다가 정상에 선다. 보드에 초를 칠해 더욱 잘 미끄러지게 만든 후 급경사의 모래 언덕을 보드로 질주하며 내려온다. 스릴 만점의 액티비티다. 모든 스트레스는 모래바람과 함께 날아간다.

유럽을 닮은 도시
리마

페루, 리마/이카에서 리마로 가는 버스에서 만난 테레사

세상은 친절하다

리마행 버스, 내 옆자리에 앉은 테레사. 리마까지 가는 네 시간 동안 쉬지 않고 이야기를 나눴다. 테레사는 내가 알아듣기 쉽도록 영어와 스페인어를 섞어가며 천천히 말했고, 자기소개부터 아주 사소한 개인사까지 전해주었다. 전 남편의 국적이 캐나다이고 자신은 페루여서 두 국적을 가지고 있다고 했다. 그렇지만 태어나고 자란 페루가 훨씬 마음이 편해 주로 리마에 산단다. 내게서 풍기는 분위기가 참 좋고, 웃는 모습이 너무 매력적이란다. 그저 고마웠다.

테레사가 종이를 한 장 꺼내더니 자신의 이메일과 이름을 써준다. 캐나다와 리마에 오게 된다면 꼭 연락을 달라고 했다. 나도 종이를 꺼내 이름과 이메일을 써주었다. 혹시나 아시아 쪽에 오게 되면 꼭 다시 만나자고 했다.

리마에 도착하자 내가 걱정이 되었던지 버스를 태워주고 차비까지 줬다. 덕분에 초행인 리마 숙소까지 편하고 안전하게 도착했다. 리마에 있는 동안 버스 안 네 시간이 따스한 온기로 계속 남았다.

낯선 이에게조차 세상은 참 친절하다.

안데스의 만년설
우아라스

Huaraz

빛은
저물지
않는다

저무는 태양이
산에 불을 질러놓은 것 같기도 하고,

거대한 계곡의 항아리에
누군가 불을 피워놓은 것 같기도 한
이 아름답고 신비로운 빛의 천국.

태양은 저물어도 빛은 저물지 않는다.
젊음은 저물어도 삶은 저물지 않는다.

인생의 황혼녘
아름다운 황금빛으로 불타오르길.

페루, 우아라스/타우이팜파(Taullipampa, 4,250m), 산타크루즈 트레일

페루의 우아스카란 국립 공원은 유네스코가 지정한 세계 유산으로 길이 7,000km에 달하는 안데스 산맥의 일부다. 6,000m가 넘는 수십 개의 고산이 만년설로 뒤덮여 있다. 험준한 고산과 광활한 호수, 날카로운 협곡이 어우러진 이곳은 가히 남미의 히말라야라 불릴 만하다. 알파마요 산을 완벽하게 조망하며 걷는 산타크루즈 트레일은 세계에서 가장 인기 있는 트레일 코스 중 하나다.

스위트 텐트

공기청정기가 필요 없는 깨끗한 공기와
에어컨 저리 가라인 시원한 바람.
크기를 잴 수 없는 초대형 스크린과
24시간 생방송 중인 자연.
별빛이 쏟아져 들어오는 침실과
야생 동물이 노니는 정원.
설거지나 청소, 빨래 같은 거 안 해도
아무도 뭐라 하지 않는 이런 집.

평수 넓은 주택도 좋고
예쁜 인테리어도 좋고
고급 주방 가구도 좋겠지만,

한없이 게을러지고 싶은
이런 집에서 한 번쯤 살아보면 어떨까요?

페루, 우아라스/산타크루즈 타우이팜파

밤하늘, 보석 같은 별 세례가 쏟아져내린다.

만성급 호텔

오랜 남미 여행에도
호텔에 투숙한 적이 한 번도 없다.

7성급 호텔 부럽지 않은
만성급 호텔이 내 숙소니까.

수백만 개의 별빛이 쏟아져내려
잠들기조차 아까운 밤.

별을 바라보는 것만으로도
온 우주를 가진 듯한 황홀한 기분.

그렇다.
지금 이 순간
여기는 산이 아닌 우주다.

텐트는 백만성급 은하계 호텔이다.

가장 높은 사람보다
가장 아름다운 사람

세계에서 가장 높은 산은 에베레스트,
가장 아름다운 봉우리는 알파마요를 꼽는다.

보는 눈이나 느끼는 감성이 제각각인데
가장 아름다운 봉우리가
어찌 알파마요 하나뿐이겠는가?

내가 가장 높은 사람은 아닐지라도
나야말로 가장 아름다운 사람임을 잊지 말자.

페루, 우아라스/산타크루즈 알파마요

알파마요는 원주민 케추아족(Quechua)의 언어로 '강의 땅'이라는 뜻이다. 1962년 독일에서 열린 산악회의에서 세계에서 가장 아름다운 봉우리 1위에 뽑혔다.

고마워

히말라야 트레킹에서는 야크에 짐을 지운다.
여기 남미 트레킹에서는 노새에게 짐을 지운다.

트레커 일행이 먹을 식량과
텐트와 매트 같은 숙식 용품들이다.

여행 중에는 정말이지
이 말 없는 동물한테조차 고마운 마음이 든다.

나는 살아오면서 누구의 짐을
대신 져본 적 있는가?

페루, 우아라스/산타크루즈 푼타유니온

산타크루즈 트레일의 최고봉 푼타유니온(Punta Union, 4,750m). 노새도 사람도 힘겨운 길. 바람과 사투를 벌이며 푼타유니온에 오른다.

Chapter 5
에콰도르

유네스코 인류 문화유산 쿠엥카

Cuenca

활기찬 메르카도

누가 그랬다.
일상이 무료하거나 우울할 때는
시장에 가보라고.

사람들로 북적이는 시장에는
어딜 가나 시장 특유의 활기가 넘친다.

비릿한 날것의 생기가 넘쳐나고
분주하게 움직이는 생존의 치열함이
시장을 가득 메운다.

그들의 메르카도나 우리의 재래시장이나
따뜻한 정과 에누리는 덤이다.

에콰도르/쿠엥카 메르카도

남미 대부분의 도시에는 메르카도(재래시장)가 있다. 그곳에는 각종 과일, 야채를 비롯해 양념, 고기까지 없는 게 없다. 게다가 메르카도 내 식당에서 가격도 착하고 맛있는 현지 음식을 즐길 수 있다. 새로운 도시에 도착하면 메르카도 구경이 제일 먼저다.

침보라소를 가기 위한 도시
리오밤바

Riobamba

펠
리
스

나
비
다

크리스마스를 특별하게 지낸 적이 없었는데 남미 에콰도르에서 크리스마스를 맞았다. 가톨릭 나라여서 크리스마스를 아주 큰 축제로 즐기나 보다. 화이트 크리스마스는 아니지만 그 대신 더 화려하고 신이 나는 파란 옷의 블루 크리스마스, 빨간 옷의 레드 크리스마스, 총천연색 크리스마스다. 남미의 캐럴 「펠리스 나비다(Feliz Navidad)」가 거리에 넘쳐난다. 축제는 눈이나 계절이 만드는 게 아니라 사람이 만들고 사람이 즐기는 거다.

에콰도르/리오밤바

어린이를 위한 크리스마스 축제 퍼레이드.

세상에서
가장 높은 산이
침보라소라고?

해발로 치면
에베레스트가 제일 높은 산이지만,

지구 중심에서 재면
침보라소가 제일 높은 산이라고 한다.

에베레스트는 6,382미터,
침보라소는 6,384미터로
2미터가 더 높다.

어디서 재느냐에 따라 높이가 달라진다.
관점이나 기준의 차이가 그래서 중요하다.

부정의 관점,
"물이 반밖에 안 남았네."

긍정의 관점,
"물이 아직 반이나 남았네."

에콰도르, 리오밤바/침보라소 산

액티비티의 도시
바뇨스

세상 끝 그네

그네를 탄 기억이 가물가물하다.

몇십 년 만에 처음,
그네를 탄다.
그것도 놀이터가 아닌 이런 낭떠러지에서.

세상 끝 그네
두 발을 힘차게 구른다.

바뇨스 시내가 한눈에 들어오는
창공을 가로질러

저 멀리 퉁구라우아 화산까지
단숨에 날아갈 것 같다.

어린 시절로 돌아간다.
나이든 여인의 어린 웃음이 창공에 울려퍼진다.

에콰도르, 바뇨스/세상 끝 그네

흘러가는 것
헤쳐가는 것

바모스(vamos, 출발)!
우노 도스(uno dos, 하나둘)! 구령에 맞춰서
아데란테(adelante, 앞으로 젓기)!
아트라스(atras, 뒤로 젓기)! 두로(duro, 정지)!

누군가 말했다.
"죽은 물고기만이 강물을 따라 흐른다"고.

역사의 흐름, 시대의 흐름, 운명의 흐름.
그 거대한 흐름을 거슬러 오를 수는 없어도

나는 죽은 물고기가 아니므로
흘러가지 않고 헤쳐가기로 한다.

에콰도르, 바뇨스/래프팅

액티비티의 천국 바뇨스. 그중에서도 가장 스릴 넘치는 액티비티인 래프팅. 무섭게 소용돌이치는 강물에서 레벨 3과 4를 오가는 래프팅을 즐길 수 있다.

몽환의 트레일 킬로토아

Quilotoa

백두산

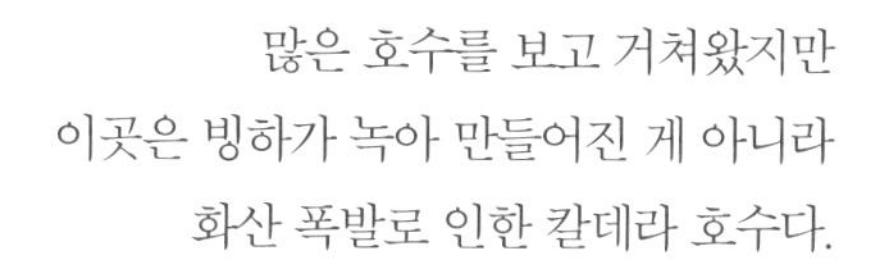

많은 호수를 보고 거쳐왔지만
이곳은 빙하가 녹아 만들어진 게 아니라
화산 폭발로 인한 칼데라 호수다.

백두산 천지처럼
산 정상에 고즈넉이 담겼다.

평화의 봄이 온다고
한반도가 희망에 부풀어 있다.

두 다리 성할 때
백두산에 가볼 수 있었으면 좋겠다.

에콰도르, 킬로토아/킬로토아 호수

킬로토아 호수는 백두산 천지처럼 화산 폭발로 만들어진 칼데라 호수다.

온실과 자연

사는 게 바빠서도 그랬지만
세 아이를 거의 방목해 키웠다.

무엇이 되어라 강요한 적 없고
학원 가라 종용한 적 없었는데
아이들은 그럭저럭 별 탈 없이 잘 커주었다.

여섯 살이라는 이 아이는
유치원에도 학원에도
태권도 도장에도 가지 않는다.

세상의 이치가 자연 속에 있거늘
자연만큼 좋은 학교가 또 있을까?

온실과 자연의 차이를 생각하게 되는
사진이다.

에콰도르, 킬로토아 트레일/이신리비(isinlivi)

비 오는 날 아침, 아이는 양과 함께 집을 나선다. 양에게 풀을 먹여야 하는 귀찮은 일이 기다리지만 양을 끌고 뛰어가는 아이의 얼굴은 행복으로 가득하다.

생애 최고의 커피 한잔, 이 순간이 그냥 멈추었으면…

비가 더욱 세차게 내리쳤다. 우산을 쓰고 걷다가 'Caffe'라고 쓰인 조그만 나무 간판에 이끌려 작은 원두막 같은 카페에 들어갔다. 비도 피하고 따뜻한 커피도 한잔하고 싶었다. 젊은 부부가 운영하는 아주 작은 가게. 가격도 참 착하다. 몽키 바나나 하나에 5센트, 커피는 50센트. 이야기를 나눌수록 그들의 밝은 모습에 끌린다. 아늑한 카페에서 바라본 비 내리는 들판은 이 세상 풍경이 아닌 듯 몽환적이다.

에콰도르, 킬로토아 트레일
이신리비에서 축칠란(Chugchilan) 가는 길에 있는 카페

길

걸어가는 길.
살아가는 길.
행복해지는 길.

해발 3,900미터. 내려가는 길은 그런대로 걸을 수 있지만 오르는 길은 생각만큼 쉽지 않다. 고도가 높으니 숨쉬기도 어렵다. 그래서인지 많은 이들이 노새나 말을 타고 오르내린다.

오르막이 힘들 때마다 뒤돌아서서 보는 킬로토아는 더욱 멋지다.

내가 흘린 땀의 가치가 더해져서일까?

에콰도르, 킬로토아 트레일/킬로토아 호수의 마부들

에콰도르, 킬로토아 트레일/킬로토아 호수의 여자 마부들

당신이 아름답습니다

남미의 고산에서 흔히 만나는 마부들.
그들 중 많은 이들이 여자다.
고단한 삶 속에서도
한껏 멋을 낸 여자 마부들.

열심히 일하는 당신이 아름답습니다.

적도의 도시
키토

Quito

새해 아침

2018년 새 아침을 에콰도르 키토의
피친차 화산에서 맞는다.

적도의 나라, 에콰도르에
하얀 눈이 펑펑 쏟아진다.
억세게 운 좋은 2018년이 시작됐다!

에콰도르, 키토/피친차 화산

피친차 화산(Pichincha Volcán)의 정상은 4,698m, 케이블카인 텔레페리코에서 내리면 4,050m. 수직으로 650m만 천천히 오르면 정상이다. 텔레페리코도 타고 키토의 전망도 보고, 산에도 오르니 일석삼조다. 그러나 해발 4,000m에서 돌고 돌아 정상으로 향하는 길에는 고난이 기다린다.

세계에서 가장 높은 활화산
코토팍시

Cotopaxi

격렬하게
아무것도
하고 싶지 않다

여기는
바람의 정거장
햇볕의 놀이터.

지금은
격렬하게 아무것도 하고 싶지 않다.

흘러가지 못하게 시간만 묶어놓고
그 나머지 모든 것을
드넓은 자연에 풀어놓는다.

오랜 여행의 피로를 다 벗어던지고
내일 여정 따윈 케 세라 세라.

그물로 짠 허공의 침대에 그냥 널브러져
느슨한 바람결에 혼곤히 잠들어버린다.

에콰도르, 코토팍시/시크릿가든

세계적인 여행 잡지 론리플래닛 매거진(Lonely Planet Magazine)에서 소개한 에콰도르 최고의 숙소. 시크릿가든 앞에는 코토팍시를 비롯해 루미냐우이(Rumiñahui, 4,721m), 신촐라구아(Sincholagua, 4,873m), 안티사나(Antisana, 5,704m) 등 4,500m가 넘는 고산들이 시원스럽게 펼쳐져 있다. 아무것도 하지 않아도 행복할 수 있는 곳!

에콰도르, 코토팍시/루미냐우이

루미냐우이는 코토팍시와 마주 보고 있다. 이곳에서 코토팍시를 훌륭하게 조망할 수 있다.

멀어서
더 그리운

루미냐우이 국립 공원에 오르니
아주 멀리 코토팍시 봉우리가 보인다.

일본의 후지 산이나
아프리카의 킬리만자로와 비슷하다.

코토팍시는 아주 멀리 있다.
멀리 있는 것들은 그래서 더 그립다.

지금은 못 가지만
다음 일정으로 남겨두기로 한다.

인디헤나의 마을
오타발로

Otavalo

초대

우연히 인디헤나 가족의 초대를 받게 됐다.
여인 삼대가 함께 사는 집이다.

소박하지만 융숭한 식사와
환한 웃음을 디저트로 대접받았다.

가진 게 없어도 행복할 수 있고
가진 게 없어도 나눌 수 있다는 걸
가르쳐준 사람들.

그 웃음에서 이런 말을 들었다.
"줄 수 있는 게 사랑밖에 없다고."

에콰도르, 오타발로/인디헤나 가족과 함께

아메리카 원주민을 스페인어로 인디헤나(indigena)라고 한다. 오타발로에서는 유난히 많은 인디헤나들이 눈에 띈다. 길에서 우연히 마주친 인디헤나 모녀가 나를 집으로 초대했다. 첫 만남에 삶의 모습을 스스럼없이 보여주는 너무나 순수한 사람들. 삼대가 함께 사는 그 집은 아주 소박했다.

콜롬비아, 산타마르타

Chapter 6

콜롬비아

커피의 고장
살렌토

Salento

노동의 향기

콜롬비아에서는 커피를 손으로 수확한다.
세척과 건조, 볶는 과정도 전부 손으로 한다.

농장 인부들의 손끝에는 푸른 때가 끼어 있다.
커피의 향기는 어쩌면
이런 노동의 향기일지도 모르겠다.

커피 한 잔을 마실 때도
생선 한 점을 뜰을 때도
과일 하나를 깨물 때도.

이런 노동과 수고에 감사하며 먹어야겠다.

콜롬비아, 살렌토/콜롬비아 커피 나무

콜롬비아 커피 산지로 유명한 살렌토. 브라질에서는 커피를 기계로 수확하지만, 콜롬비아는 손으로 한다. 크기가 고르고 잘 익은 커피콩만을 수확하기에 품질이 우수하다. 이 농장에서는 수확뿐 아니라 콩의 세척과 건조, 볶는 과정도 전부 손으로 한다. 이에 대한 자부심이 대단하다. 농장에서 마시는 콜롬비아 커피는 너무나 달콤하고 부드럽다.

가지를 뻗지 않는 나무

팔마데세라 왁스 야자나무.

나무에 가지가 없으니
쓸쓸하고 텅 빈 모습이 왠지 안쓰럽다.

나무가 많아도 숲을 이루지 않아 괜히 서먹하다.

가지를 뻗어 무성한 잎을 만들어
새들이 내려와 앉을 자리를 내주고,
사람이 쉴 수 있게 그늘을 드리우는
그런 나무가 좋은데
그런 숲이 좋은데.

얼마나 간절한 염원이기에
제각각 멀찌감치 떨어져 서서
저리도 하늘로만 구원의 손길을 뻗었던 걸까?

콜롬비아, 살렌토/코코라 계곡

살렌토는 안데스 해발 2,500m에 자리 잡은 고원 도시다. 코코라 계곡은 살렌토에서 킨디오 강(Río Quindio) 협곡 동쪽으로 뻗어 내려간 계곡인데, 이곳에서만 볼 수 있는 팔마데세라(Palma de cera)라는 왁스 야자나무를 구경하기 위해 전 세계에서 많은 이들이 몰려든다. 가지도 없이 하늘을 향해 쭉 뻗은 나무의 높이가 60m를 넘는다고 한다. 코코라 계곡에서는 세상에서 가장 큰 야자수 계곡 트레킹을 즐길 수 있다.

남미의 아테네
보고타

콜롬비아, 보고타/라 칸델라리아 올드시티 거리

우아한 카페

커피의 원산지 콜롬비아에 왔으니
본토 커피를 반드시 먹어봐야겠다.

그래서 찾은 길거리 카페,
콜롬비아 원두를
즉석에서 볶고 갈아서 내려준다.

700원짜리 큰 컵을
낡은 플라스틱 의자에 걸터앉아 마신다.

호텔 커피숍이 부럽지 않은
우아한 카페.

콜롬비아, 보고타/길거리 카페, 라 치바 델 카페(La chiva del Café)

보고타 볼리바르 광장에서 멀지 않은 곳, 황금 박물관역 건너에 있는 아주 조그만 길거리 카페. 청년은 주문과 동시에 원두를 볶고 갈아 커피를 내린다.

La Chiva del Café
Pintado - Capuchino - Amareto - Carajillo
Milo - Maizena - Aromatica - Cafe Molido
El Cafeterito Del Paise
$1.000

악마의 제단
구이칸

Guikan

꽃길만 걷자

"꽃길만 걷자"는 메시지를 주고받는다.
인생에 꽃길이 별로 없으니까 이런 인사도 주고받겠지.

트레일 산길 역시 꽃길은커녕
흙먼지투성이거나 발이 푹푹 빠지는 진흙탕 길이
대부분이고,
채석장을 방불케 하는 이런 돌밭 길도 흔하다.

그래도 이 길만 넘으면
그토록 보고 싶던 꿈같은 장면이 펼쳐질 테니
한 걸음 한 걸음씩 온몸으로 헤쳐간다.

꽃길 아니면 어떠랴
그곳에 가면 내 마음속에 황홀한 꽃 사태가 일어날 텐데.

콜롬비아, 구이칸/시에라 네바다 델 코쿠이 국립 공원

판 데 아수카르(Pan de Azúcar, 5,120m)와 풀피토 델 디아블로(el Púlpito del Diablo, 5,100m)에 오르는 길.

콜롬비아, 구이칸/
시에라 네바다 델 코쿠이 국립 공원, 라구나 그란데(Laguna Grande)

악마의 제단, 천사의 순백

순백의 황홀함과 고요함 속에 우뚝 선 풀피토 델 디아블로.

핏물이 밴 듯 검붉고 거대한 암석 덩어리, 처음 보는 순간 왜 악마의 제단으로 불리는지 직감했다. 악마의 제단, 그 주위를 천사의 순백이 에워싸고 있다. 악마와 천사가 함께 있는 신비로운 풍경.

온갖 흉악한 범죄로 세상이 시끄럽기도 하고, 이름 없는 선행과 미담이 감동을 주기도 한다.

인간은 천사와 악마, 그사이 어디쯤 있는 걸까?

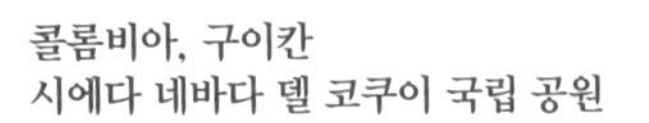

콜롬비아, 구이칸
시에다 네바다 델 코쿠이 국립 공원

판 데 아수카르와 풀피토 델 디아블로.

늙지 않고 성장하기

프라일레혼이라는 이름의 야생 식물.

굵은 기둥 꼭대기에 넓적한 잎들을 펼치고 서 있는
이 식물은 마치 외계 생물처럼 신기하게 생겼다.

일 년에 1센티 정도 자란다고 하니
내 키를 넘는 이 식물은 일이백 년은 족히 됐으리라.

키는 더 자라지 않아도 좋지만
해마다 1센티씩이라도
생각과 지혜가 자랐으면 좋겠다.

완고한 할머니로 늙지 않고
인자하고 지혜로운 어른으로 성장하고 싶다.

콜롬비아, 소가모소/프라일레혼

나무조차 없는 삭막한 산에서 자라는 고산 식물 프라일레혼(Frailejon). 일 년에 1cm씩만 자라는 프라일레혼은 물이 풍부할 때 물을 머금고 건조할 때에 이를 내보낸다.

레포츠의 천국
산힐

San Gil

지금 아니면 언제?

겁이 많은 편이어서 이런 모험과 스릴을
즐기지 않았는데,
여행은 나를 참 많이도 바꿔놓았다.

해보지 않고 후회하기보다
해보고 후회하는 게 낫겠지 해서
여행지마다 있는 액티비티를 즐기게 되었다.

짧은 순간이지만 여행지에서 즐기는
이런 액티비티는 여행의 또 다른 활력소가 된다.

지금 아니면 언제?
여기 아니면 어디?

아유 레디? 조종사가 외친다.
나도 주저 없이 예스!라고 크게 답한다.

콜롬비아/산힐, 치카모차 협곡의 패러글라이딩

남미에서 가장 저렴한데다 가장 멋진 조망을 즐길 수 있다는 치카모차 협곡(Cañón Chicamocha)의 패러글라이딩. 짧다면 아주 짧은 20여 분이었지만 정말 스릴 있고 짜릿했다. 하늘을 날다가 갑자기 조종사가 묻는다. "즐길 준비가 되어 있나?" 대답을 하자마자 360도로 빙글빙글. 처음에는 신나고 재미있었는데 너무 과하게 돌았는지 잠깐 멀미가 났다. 그래도 황토빛으로 장엄하게 펼쳐진 치카모차 협곡 위를 또 다시 날고 싶다.

콜롬비아인들의 피서지 민카

Minca

천사의 미소

어디선가 시끌시끌 아이들 목소리가 들렸다. 소리가 나는 곳에선 아이들이 공을 찬다. 남미에는 아무리 높고 열악한 곳일지라도 공을 찰 수 있는 운동장이 있다. 이곳은 작은 시골 학교, 한쪽엔 운동장 겸 축구장이 있다. 축구하던 아이들은 반갑다고 손을 흔든다. 그물망 저편, 축구는 하지 않고 곁에 앉아 있는 어린 소녀가 눈길을 끈다. 나중에 들어 알게 됐지만 이 아이는 새 운동화가 아까워서 축구를 하지 않고 구경만 하고 있었단다. 나도 어릴 적엔 그랬는데….

교실 앞에선 아이들이 비석치기와 비슷한 놀이를 하다가 나를 보더니 웃느라고 놀지도 못한다. 내가 참 신기하고 재미있게 생겼나 보다. 사진을 찍으려고 하니 더 큰소리로 자지러지게 웃는다.

아무 사심 없이 웃고 있는 아이들의 모습이 천사 같다. 시골길을 걷는 즐거움, 내 마음에 천사의 미소가 번진다.

콜롬비아, 민카

세로 케네디(Cerro Kenny) 트레킹에서 만난 아이들.

카니발의 도시
바랑키야

Barranquilla

콜롬비아, 바랑키야/바랑키야 축제

콜롬비아 제1의 항구 도시인 바랑키야에서 매년 사순절 전 4일간 열리는 바랑키야 카니발(Carnaval de Barranquilla). 브라질의 리우 카니발에 이어 남미에서 두 번째로 성대한 축제다. 아프리카, 인도, 토착민의 다양한 문화를 느낄 수 있다. 화려한 의상과 댄스가 남미의 정열을 퍼뜨린다. 이 축제의 주인공들은 대부분 바랑키야 주민들. 댄서 상당수가 어르신들이다.

인생 축제

남미를 여행하면서 느낀 것 중 하나는
사람들의 표정이 밝고 의상이 화려하다는 것이다.

축제 때만이 아니라 일상생활에서도 그렇다.

낙천적인 성격 때문인지는 몰라도
일상을 축제처럼 보내는 것 같다.

죽음을 앞둔 누군가 그랬다던가,
"인생은 한바탕 축제, 잘 놀다 간다"고.

페스티벌 같은 데라도 자주 찾아다니면서
인생을 축제처럼 살아보기로 한다.

잃어버린 도시
시우다드 페르디다

Ciudad Perdida

잃어버린 도시를 찾으러

잃어버린 도시 트레일은 서기 800년경에 만들어진 고대 도시 시우다드 페르디다(스페인어로 '잃어버린 도시')를 만나러 가는 트레일이다. 페루에 마추픽추가 있다면 콜롬비아에는 잃어버린 도시가 있다. 전기도 인터넷도 없는 세상. 깊은 정글 속, 찌는 듯한 열대의 더위를 견디며 꼬박 이틀을 물 건너 산 넘어 걸어야만 볼 수 있는 곳이다. 이곳은 1972년 보물 사냥꾼에 의해서 발견되었다.

잃어버린 도시를 만나러 가는 트레일에선 아직도 옛 모습으로 살아가는 원주민의 모습을 볼 수 있다. 대부분 맨발로 다니고 남자들은 모두 머리를 기른다. 이들은 코카와 마리화나를 재배하며 살아간다.

콜롬비아/시우다드 페르디다

콜롬비아, 시우다드 페르디다/트레일에서 만난 원주민 가족

생애 첫 가족사진

이곳에서 만난 가족에게
첫 가족사진을 선물했다.

역사의 무언가가
이들의 웃음을 앗아간 듯,
얼굴에 표정이 없다.

호반 도시
구아타페

Guatapé

콜롬비아, 구아타페/엘 페뇰

세계에서 세 번째로 큰 바위인 엘 페뇰의 정상에 오르면 해발 1,800m의 호반 도시 구아타페를 멋지게 조망할 수 있다.

에필로그

까마득히 높은 곳,
언제 오를까 싶더니만
돌아보니 참 높이도 올라왔어요.

돌밭 길, 벼랑길 굽이굽이
당신이 손잡아 주었기에
여기까지 참 멀리도 걸어왔어요.

당신은 여기에 있고
나는 멀리 떠나왔지만
걷는 내내 내 곁을 지켜주었지요.

엄마 없는 빈자리를 지켜준 아이들.
여행 중 도움과 배려를 아끼지 않았던
여행 동반자들,
길에서 만난 친절한 친구들.
여행의 기억이 사라지기 전에
사진전을 준비하고 책을 쓰는 내게
격려와 응원을 보내준 많은 분들에게.

내가 잘하는 건 머리보다 몸을 쓰는 일.
그 고마움을 온몸으로 간직할게요.

고마워요. 감사해요.

책에 인용된 도시
책에 인용되지 않은 도시
OUT
IN
산타마르타
민카
바랑키야
시우다드 페르디다
베네수엘라
가이아나
프랑스령 기아나
수리남
구아타페
산힐
구이칸
메데인
소가모소
비야 데 레이바
살렌토
보고타
칼리
콜롬비아
이피알레스
에콰도르
오타발로
키토
코토팍시
바뇨스
킬로토아
리오밤바
쿠엥카
페루
브라질
우아라스
리마
쿠스코
태양의 섬
티티카카 호수
우아카치나
나스카
푸노
소라타
아레키파
라파스
콜카캐니언
코파카바나
볼리비아
우유니 소금 사막
아타카마
후후이
파라과이
살타
이구아수 폭포
칠레
아르헨티나
비냐델마르
발파라이소
멘도사
산티아고
우루과이
부에노스아이레스
여행 적기
11월~2월
5월~8월
2월~4월, 9~11월
11월~2월
발디비아
푸콘
푸에르토바라스
산카를로스데
바릴로체
푸에르토몬트
칠로에 섬
엘 찰텐
엘 칼라파테
토레스 델 파이네
푸에르토 나탈레스
푼타아레나스
우수아이아

남아메리카(América del Sur)

남미, 언제 갈까?

남미의 계절은 크게 우기와 건기로 구분한다. 나라마다 우기와 건기가 조금씩 다르지만 보통 우기는 11월에서 2월, 건기는 6월에서 9월이다.

우유니 소금사막에서 반영된 사진을 찍고 싶다면 우기에 가야 하고, 구름 없는 깨끗한 마추픽추를 보고 잉카 트레일을 걷고 싶다면 우기는 피하는 것이 좋다. 나라와 관계없이 가장 무난한 시기는 12월에서 2월까지다.

남미 여행 경로

이 책에 나온 남미 여행 경로는 왼쪽 지도에서 확인할 수 있다. 부록에는 나라별 추천 여행지와 이동 방법을 간단히 정리해 실었다.

유용한 어플, 맵스미

데이터가 없어도 쓸 수 있는 무료 지도 어플 맵스미(Maps.me). 전 세계 지도를 다운로드받은 후에는 오프라인으로 언제든지 사용 가능하다. 지난 6년 동안 배낭여행을 다니면서 가장 애용하고 있는 어플로, 특히 인터넷을 사용하기 불편한 쿠바 같은 나라에서 최고다. 중장기 여행자나 여러 나라를 여행한다면 필수로 챙겨야 할 어플. 단, 한국을 제외한 지역에서는 정확한 영문 표기를 사용해야만 한다. 구글스토어나 앱스토어에서 'Maps.me'로 검색해 다운로드받을 수 있다.

검색 지역이나 지명 검색이 가능하고, 전 세계의 지도와 경로를 사용할 수 있다. GPS 좌표로도 검색, 지도의 확대와 축소 속도가 빠르다.

네비게이션 차량, 도보, 자전거 등 교통수단을 지정할 수 있고, 현재 속도와 위치를 표시하는 기능이 있어 올바른 방향으로 가는 지 확인할 수 있다. 현재 위치의 해발 고도를 확인하는 것도 가능하다.

북마크 북마크를 백업하거나 내보내기가 가능하고, 다양한 색으로 저장할 수 있어서 관리하기 편하다.

아르헨티나

아르헨티나는 남아메리카 문화 예술의 중심지로, 초원에서 방목한 소고기에 소금을 뿌려 숯불에 구운 아사도(asado)와 강렬하고 매혹적인 탱고(tango)가 연상되는 나라다. 소가 사람보다 많다는 말이 있을 정도로 목축업이 발달했다.

이동 방법

한국에서 부에노스아이레스까지 가는 직항 비행기는 없지만, 미국이나 멕시코를 경유하는 항공편을 이용하면 저렴한 비용으로 이동할 수 있다.

부에노스아이레스(Buenos Aires)

부에노스아이레스는 스페인어로 좋은 공기라는 뜻이다. 아르헨티나의 수도로, 문화유산과 더불어 다양한 공연 문화가 발달해서 볼거리가 무척 많은 도시다.

추천여행지

1 **엘 아테네오 그랜드 스플렌디드 서점**(El Ateneo Grand Splendid)

세상에서 가장 아름다운 서점으로 알려졌다.

2 **레콜레타 묘지**(Cementerio de la Recoleta)

웬만한 부자도 들어가기 힘들다는 공동묘지. 세상에서 가장 아름다운 공동묘지이기도 하다.

3 **콜론 극장**(Teatro Colón)

이탈리아 밀라노의 라 스칼라, 미국 뉴욕의 메트로폴리탄과 함께 세계 3대 오페라 극장이다.

4 산텔모(San Telmo) **시장**

일요일에 서는 시장으로 골동품과 탱고, 길거리 음식 등 축제 한마당이 펼쳐진다.

5 라 보카(La boca)

낭만의 춤 탱고의 발생지로, 알록달록한 작은 건물들로 채워진 항구 마을. 아르헨티나의 축구 영웅 디에고 마라도나(Diego Maradona)가 뛰었던 보카 주니어스 홈구장이 있다.

6 오벨리스크(Obelisco de Buenos Aires)

부에노스아이레스 400주년을 기념하기 위해 1946년에 만들어진 탑이다.

7 메트로폴리타나 대성당(Catedral Metropolitana de Buenos Aires)

그리스 신전 모양을 한 성당이다. 아르헨티나 출신인 제266대 교황 프란치스코(Pope Francis)가 취임 전에 미사를 집전하기도 했다. 남미 해방의 선구자 호세 데 산 마르틴(José de San Martín) 장군이 안치되어 있다.

8 아르헨티나 대통령궁(Casa Rosada)

로맨스가 연상되는 분홍빛 대통령궁이다. 착공 당시부터 분홍색으로 칠해서 카사 로사다라고 부른다.

9 토르토니 카페(Café Tortoni)

1858년에 문을 연 카페로 아르헨티나에서 가장 오래된 카페 중 하나다. 저녁에는 탱고 공연이 열린다.

10 마요 광장(Plaza de Mayo)

1810년 5월 혁명을 기념하기 위해 만들어진 광장으로 주변에 대통령궁과 대성당이 있다.

11 부에노스아이레스 국립미술관(Museo Nacional de Bellas Artes)

유럽 유명 화가들의 작품과 라틴 아메리카, 아르헨티나의 대표적인 문화유산들을 소장하고 있다. 입장료는 무료다.

이구아수 폭포(Cataratas del Iguazú)

브라질과 아르헨티나의 국경에 있는 폭포로 산림 안에 숨어 있다. 아르헨티나는 푸에르토 이구아수(Puerto Iguazú), 브라질은 포즈 도 이구아수(Foz do Iguazú)라고 부른다.

이동 방법

비행기 부에노스아이레스 – 이구아수: 약 2시간
버스 부에노스아이레스 – 이구아수: 약 18시간

우수아이아(Ushuaia)

아르헨티나의 최남단 도시로 땅끝 마을이라 부른다. 곁에 비글 해협이 있다. 남극으로 가는 관문이기도 하다.

1 **에스메랄다 호수**(Laguna Esmeralda)
강, 호수, 산, 숲 모두를 즐기며 걸을 수 있다.

2 **마르티알 빙하**(Glaciar Martial)
우수아이아의 전망을 즐길 수 있다.

3 **티에라 델 푸에고 국립 공원**(Parque Nacional Tierra del Fuego)
희귀한 이끼가 지천이고 트레일이 평이해서 산책 코스로 인기 있다.

4 **비글 해협**(Canal Beagle)
펭귄, 바다사자, 세상의 끝 등대 등을 볼 수 있다.

이동 방법

비행기 부에노스아이레스 – 우수아이아: 약 3시간 30분
엘 칼라파테 – 우수아이아: 약 1시간 20분

버스 푼타아레나스 – 우수아이아: 약 12시간

엘 찰텐(El Chaltén)

파타고니아 최고의 트레킹을 즐길 수 있다.

1 **피츠로이 산(Cerro Fitz Roy) 트레일**
 파타고니아 최고 미봉으로 세계 3대 트레일 중 하나다.
2 **토레 호수(Laguna Torre) 트레일**
 토레 산(Cerro Torre)에서 빙하를 볼 수 있으며 어느 누구나 걷기 편한 둘레 길이다.

이동 방법

버스 엘 칼라파테 – 엘 찰텐: 약 3시간
바릴로체 – 엘 찰텐: 약 30시간

엘 칼라파테(El Calafate)

엘 칼라파테의 페리토 모레노 빙하(Perito Moreno Glacier)는 남극과 그린란드에 이어 세계에서 세 번째로 크다. 엄청난 굉음을 내며 떨어지는 빙하를 볼 수 있다.

이동 방법

비행기 우수아이아 – 엘 칼라파테: 약 1시간 20분
부에노스아이레스 – 엘 칼라파테: 약 3시간
버스 엘 찰텐 – 엘 칼라파테: 약 3시간
푸에르토 나탈레스 – 엘 칼라파테: 약 6시간

산카를로스데바릴로체(San Carlos de Bariloche)

산카를로스데바릴로체는 안데스의 동쪽, 남미의 한가운데 위치한 도시로 줄여서 바릴로체라 부른다. 주변에 아르헨티나 최초의 국립 공원인 나우엘 우아피 국립 공원이 있다. 이 국립 공원은 크고 작은 수십 개의 호수와 폭포, 울창한 원시림, 사람의 손길이 거의 닿지 않은 거칠고 기묘한 형상의 산들이 가득하다. 산을 좋아하는 마니아들에게 더욱 매력적일 것이다.

1 **카테드랄 산**(Cerro Catedral, 2,388m)

뾰족한 첨탑 같은 카테드랄 산과 톤체크 호수(Laguna Tonchek)가 한 폭의 그림 같다.

2 **로페즈 산장**(Refugio Ropez)

바릴로체 최고의 뷰 포인터로, 등산로가 험하니 주의가 필요하다.

3 **작은 순환길**

샤오샤오(Llao Llao) 호텔에서 출발해 바이아 로페즈(Bahia Lopez)까지 호숫가 숲속 길을 따라 걷는 코스. 남미가 아니라 알프스 같다.

4 **세로 오토**(Cerro Otto) **트레일**

바릴로체를 바다처럼 에워싸고 있는 나우엘 우아피 호수(Lago Nahuel Huapí)와 안데스 산맥에 둘러싸인 바릴로체의 환상적인 전망을 즐길 수 있다.

5 **캄파나리오 언덕**(Cerro Campanario)

나우엘 우아피 호수를 비롯한 크고 작은 호수를 조망할 수 있다.

6 **펜트하우스 1004**(Penthhouse 1004)

오피스텔 10층에 있는 세계에서 가장 멋진 전망을 가진 호스텔, 펜트하우스 1004의 테라스에서 환상적인 뷰를 즐길 수 있다.

이동 방법

✈ 비행기 부에노스아이레스 – 바릴로체: 약 1시간 20분

🚌 버스 엘 찰텐 – 바릴로체: 약 30시간

푸콘 – 바릴로체: 약 10시간(국경 이동으로 이동 시간은 정확하지 않음)

부에노스아이레스 – 바릴로체: 약 24시간

멘도사(Mendoza)

남미의 최고봉 아콩카구아가 있고 와인이 유명하다.

1 **잉카의 다리**(Puente del Inca)

수만 년 전 석회에 유황 성분이 녹아들면서 황금색으로 변한 계곡이 다리처럼 보인다고 해서 붙여진 이름이다.

2 **아콩카구아**(Aconcaqua, 6,692m)

아메리카 대륙에서 가장 높은 산이다. 산을 오를 수 있는 시기는 12월에서 2월 말까지다.

3 **카체우타 온천**(Termas Cacheuta)

계곡 전체에 만들어진 노천탕으로 인공 조형물은 거의 없다. 탕마다 온도가 다르며 물 안마도 즐길 수 있다.

이동 방법

✈ 비행기 부에노스아이레스 – 멘도사: 약 1시간 30분

🚌 버스 산티아고 – 멘도사: 약 7시간(국경 이동으로 이동 시

간은 정확하지 않음)
부에노스아이레스 – 멘도사: 약 24시간
바릴로체 – 멘도사: 약 16시간

살타(Salta)

아르헨티나 북부 지방의 교통 중심지이며 식민지 시대의 다양한 건축물들이 많다.

1 카파야테(Cafayate)

자연이 만든 콘서트홀인 원형 극장(El Antiteatro)과 악마의 목구멍(Garganta del Diablo)이 있다.

이동 방법

비행기 부에노스아이레스 – 살타: 약 2시간 20분
버스 멘도사 – 살타: 약 18시간
아타카마 – 살타: 약 10시간

후후이(Jujuy)

아타카마와 볼리비아의 국경 지대. 다양한 자연 경관을 즐길 수 있다.

1 푸르마마르카(Purmamarca)

일곱 색의 산(Cerro de los 7 colores)이 있다.

2 우마우아카 협곡(Quebrada de Humahuaca)

오르노칼 전망대에서 광대하고 웅장한 14가지 색 지층을 볼 수 있다.

이동 방법

버스 살타 – 후후이: 약 2시간 30분
후후이 – 푸르마마르카: 약 2시간
푸르마마르카 – 우마우아카: 약 1시간

칠레

산과 화산이 유난히도 많은 나라다. 동서로는 좁고 남북으로 길게 뻗어 있다.

푸에르토 나탈레스(Puerto Natales)

토레스 델 파이네로 가기 위한 전진 도시 같은 곳. 토레스 델 파이네 트레일에 필요한 장비를 빌려주는 렌탈샵이 있고, 트레일 시작 지점까지 가는 교통편을 구할 수 있다.

이동 방법

버스 푼타아레나스 – 푸에르토 나탈레스: 약 3시간
엘 칼라파테 – 푸에르토 나탈레스: 약 5시간

토레스 델 파이네(Torres del Paine)

칠레가 자랑하는 토레스 델 파이네 국립 공원은 죽기 전에 가봐야 할 곳으로 손꼽힌다. 특히 바위산과 빙하, 빙하가 녹아내려 생긴 호수가 절경이며 1978년에는 유네스코 생물권 보전 지역으로도 지정되었다.

W코스와 O(일주)코스가 있다. W코스는 4~5일, O코스는 8~10일이 걸리고, 산장이나 캠핑장을 예약해야만 가능하다.

이동 방법

버스 푸에르토 나탈레스 – 토레스 델 파이네: 약 2시간

푸에르토몬트(Puerto Montt)

파타고니아와 산티아고를 이어주는 교통의 중심지다. 앙헬모(Angelmo) 수산 시장이 유명하다.

이동 방법

비행기 푼타아레나스 – 푸에르토몬트: 약 2시간 10분
산티아고 – 푸에르토몬트: 약 1시간 45분

버스 푸콘 – 푸에르토몬트: 약 5시간
바릴로체 – 푸에르토몬트: 약 6시간

칠로에 섬(Isla de Chiloé)

칠레의 다른 지역과 격리되어 그들만의 독특한 문화를 가지고 있다. 푸에르토몬트에서 페리를 타고 도착하는 곳은 칠로에 섬의 관문 도시인 앙쿠드(Ancud)이다. 세계 문화유산인 목조 교회와 수상 가옥 팔라피토(Palafito)가 있는 카스트로(Castro) 지역이 유명하다.

이동 방법

버스 푸에르토몬트 – 칠로에 섬 앙쿠드: 약 2시간 30분
앙쿠드 – 카스트로: 약 1시간

푸에르토바라스(Puerto Varas)

자연환경이 뛰어난 지역으로 많은 독일 이민자들이 정착했다. 예쁘게 꾸며진 독일의 소도시 같다.

이동 방법

버스 푸에르토몬트 – 푸에르토바라스: 약 20분

푸콘(Pucón)

비야리카 화산, 온천, 래프팅 등 각종 액티비티를 즐기며 쉬어가기 좋은 도시다.

1 **비야리카 화산**(Volcán Villarrica)

정상에서 용암이 분출하는 모습을 볼 수 있다. 비야리카 화산 트레일은 걸어서 오르지만 내려올 땐 눈썰매를 탄다. 순간 이동의 스릴을 느낄 수 있다.

2 **비야리카 호수**

푸콘 시내에서 도보 10분 거리에 있고, 저녁노을이 멋지다.

3 **로스 포소네스 온천**(Termas Los Pozones)

계곡에 만들어진 온천으로 탕마다 온도가 다르다.

이동 방법

버스 푸에르토바라스 – 푸콘: 약 5시간
바릴로체 – 푸콘: 약 10시간
산티아고 – 푸콘: 약 10시간

발디비아(Valdivia)

대학 도시. 신선한 수산물을 맘껏 즐길 수 있다.

이동 방법

버스 푸에르토몬트 – 발디비아: 3시간 30분
푸콘 – 발디비아: 약 3시간
산티아고 – 발디비아: 약 11시간,
바릴로체 – 발디비아: 약 7시간

산티아고(Santiago)

칠레의 수도로 안데스 산맥을 비롯해 사방이 산으로 둘러싸인 분지 도시다. 유럽풍의 건물들이 비교적 잘 보존되어 있다.

이동 방법

비행기 멕시코시티 – 산티아고: 약 8시간 30분
로스앤젤레스 – 산티아고: 약 11시간
버스 발디비아 – 산티아고: 약 11시간
발파라이소 – 산티아고: 약 2시간
멘도사 – 산티아고: 약 7시간

발파라이소(Valparaíso)

천국의 골짜기라 불리는 발파라이소는 콘셉시온(Concepción) 언덕의 벽화로 유명하다. 도시 전체가 하나의 거대한 그래피티 천국이다.

이동 방법

버스 산티아고 – 발파라이소: 약 2시간

비냐델마르(Viña del Mar)

태평양 연안에 있는 휴양 도시로 칠레 대통령의 별장이 있다.

이동 방법

버스 발파라이소 – 비냐델마르: 약 30분

산페드로데아타카마(San Pedro de Atacama)

소금 사막과 모래사막이 혼재하는 곳. 세계에서 가장 건조한 아타카마 사막은 모래바람이 만든 다양한 모양의 바위 군락지이기도 하다.

1. **달의 계곡**(Valle de Luna, 2,264m)

   달의 표면과 흡사해서 달의 계곡이라 부른다.

2. **착사 호수**(Laguna chaxa)

   플라밍고 서식지다.

3. **타티오 간헐천**(Tatio Geysers)

   해발 4,350m에 있는 간헐천이다.

이동 방법

비행기 산티아고 – 칼라마: 약 2시간

버스 발파라이소 – 아타카마: 약 24시간

후후이 – 아타카마: 약 12시간

칼라마 – 아타카마: 약 3시간

볼리비아

볼리비아에는 한국인들이 가장 좋아하는 우유니 사막이 있다. 남미에서 유일하게 비자가 필요한 나라로, 비자를 발급받은 후 90일 이내에 입국해야 한다.

우유니 소금 사막(Salar de Uyuni, 3,680m)

하늘과 맞닿은 거대한 소금 사막. 건기에는 소금 결정체가 가득한 거친 사막이고, 우기에는 반영이 비친다. 원하는 모습에 따라 적절한 시기를 선택하는 것이 중요하다. 아타카마에서 우유니로 이동할 때는 버스보다 2박 3일 투어를 추천한다. 투어에선 소금 사막뿐 아니라 모래바람이 깎아놓은 바위 군락지와 온통 플라밍고로 뒤덮인 붉은 콜로라다 호수(Laguna Colorada)를 볼 수 있고, 사막 한가운데서 노천온천도 즐길 수 있다.

1 잉카우아시(Incahuasi) 섬

선인장으로 가득 차 있는 섬이다. 데이 투어에서 방문한다.

2 소금 사막

선셋이나 선라이즈 투어로 방문한다. 각종 소품과 원근법을 이용해 재미있고 다양한 사진을 찍을 수 있다.

3 기차 무덤(Cementerio de Trenes)

지금은 운행하지 않는 기차들을 모아놓은 곳이다.

4 소금 호텔

소금으로 만든 호텔이다.

이동 방법

✈ 비행기 라파스 – 우유니: 약 1시간

🚌 버스 라파스 – 우유니: 약 9시간

수크레 – 우유니: 약 8시간

아타카마 – 우유니: 약 12시간

라파스(La Paz)

세계에서 가장 높은 수도. 가장 높은 곳은 4,000m에 달한다. 도시의 산언덕에는 대부분 부자들이 사는데, 라파스에서는 가난한 사람들이 몰려 산다.

1 **텔레페리코**(teleférico)

라파스 시민들의 교통수단으로 시내와 산동네를 연결한다.

2 **킬리킬리 전망대**(Mirador Killi Killi)

볼리비아의 야경을 가장 잘 볼 수 있다.

3 **엘 알토 메르카도**

엘 알토(El Alto) 지역에 있는 재래시장. 목요일과 일요일에는 더욱 큰 장이 열린다. 안 파는 물건이 없다고 한다.

4 **마녀 시장**(Mercado de las Brujas)

토속 신앙과 주술에 필요한 물품들을 주로 판다.

이동 방법

✈ 비행기 우유니 – 라파스: 약 1시간

산티아고 – 라파스: 약 3시간

리마 – 라파스: 약 2시간

🚌 버스 우유니 – 라파스: 약 9시간

수크레 – 라파스: 약 12시간
코파카바나 – 라파스: 약 4시간

소라타(Sorata)

안데스의 레알 산맥(Cordillera Real)이 줄지어 있는 곳이다. 볼리비아의 제1봉으로 레알 산맥의 최고봉이기도 한 이이마니(Illimani, 6,480m) 산과 제2봉 이얌뿌(Illampu, 6,360m) 산을 가까이에서 볼 수 있다. 트레킹과 산악자전거(MTB)로 유명한 볼리비아인의 휴양지이기도 하다.

이동 방법

버스　라파스 – 소라타: 약 4시간

코파카바나(Copacabana, 3,841m)

티티카카 호수에 있는 작은 휴양 도시다. 트루차(trucha) 요리가 유명하다.

1. **칼바리오 언덕**(Cerro Calvario)
   티티카카 호수와 코파카바나의 환상적인 풍경을 감상할 수 있다.
2. **티티카카 호수**(Lago Titicaca)
   바다처럼 느껴질 정도로 어마어마하게 큰 호수다. 바다가 없는 볼리비아에서 유일하게 해군이 주둔하는 곳이기도 하다.

3 **태양의 섬**

코파카바나에서 약 1시간 반 정도 배를 타고 간다. 해와 달이 생겼다는 잉카의 전설이 있는 섬으로, 남섬과 북섬을 횡단하는 트레일이 있다.

이동 방법

버스 라파스 – 코파카바나: 약 4시간
푸노 – 코파카바나: 약 4시간

페루

잉카의 나라로, 4,000년 이상된 고대 문화유산을 가지고 있다.

푸노(Puno)

페루의 국경 도시이며 교통 도시. 볼리비아에 코파카바나가 있다면 페루에는 푸노(3,830m)가 있다.

1 우로스 섬

갈대를 엮어서 만든 작은 인공 섬으로 티티카카 호수에 떠 있다. 집도 배도 갈대로 만든다.

이동 방법

버스 코파카바나 – 푸노: 약 4시간
쿠스코 – 푸노: 약 7시간

쿠스코(Cusco)

페루 중부의 해발 고도 3,400m에 있는 도시. 고소 적응이 안 된 사람이라면 쿠스코에서도 고산병 증세를 느낄 수 있다. 잉카의 수도로 유적지가 많다. 마추픽추와 성스러운 계곡 등 많은 투어의 출발지이기도 하다.

1 쿠스코 대성당(Cathedral del Cusco)

잉카의 비라코차(Viracocha) 궁 자리에 세워진 성당이다.

2 12각 돌(Piedra de 12 ângulos)

커다란 돌을 빈틈없이 쌓아올려 벽을 세웠다. 12각 돌의 모서리에는 마치 칼로 깎아서 끼워넣은 것처럼 다른 바위들이 정교하게 맞물려 있다.

3 코리칸차(Qorikancha)

잉카 시대 태양의 신전으로 당시에는 문과 지붕 등이 금으로 덮여 있었다고 한다.

4 살리네라스(Salineras)

잉카 시대부터 내려온 해발 3,000m의 산속 염전이다.

5 비니쿤카의 무지개 산(Vinicunca Rainbow Mountain, 5,300m)

일곱 색깔 무지개도 아름답지만 안데스 산과 원주민 마을, 라마, 알파카가 어우러진 풍경이 환상적이다.

6 마추픽추(Machu Picchu)

공중 도시, 잃어버린 도시 등으로 불리며 잉카 트레일을 따라 걷거나 기차를 타고 마추픽추에 갈 수 있다.

이동 방법

비행기 라파스 – 쿠스코: 약 1시간
리마 – 쿠스코: 1시간 30분

버스 푸노 – 쿠스코: 약 7시간
아레키파 – 쿠스코: 약 9시간

아레키파(Arequipa, 2,380m)

잉카의 중심지로 스페인풍 백색 건물이 많다. 주변 도시에 비해 저지대라 생활하기가 편하다.

1 성 카탈리나 수녀원(Monasterio de Santa Catalina)

귀족 가문의 여인들이 강제 결혼을 피해 막대한 지참금을 가지고 몸종과 함께 들어와 살았던 수녀원이다.

2 콜카캐니언(Cañón Colca, 3,650m)

안데스를 따라 흐르는 콜카 강(Río Colca)이 만든 깊은 협곡이다. 콜카캐니언 바닥까지 내려갔다가 올라오는 트레킹을 추천한다.

3 콘도르 전망대(Mirador Cruz del Cóndor)

콜카캐니언의 협곡과 콘도르의 비행을 동시에 조망할 수 있는 곳이다.

이동 방법

비행기 리마 – 아레키파: 약 1시간 30분

버스 쿠스코 – 아레키파: 약 9시간
리마 – 아레키파: 약 15시간

우아카치나(Huacachina)

거대한 모래사막 한가운데 자리 잡은 오아시스 마을이다. 우아카치나에서는 버기 투어를 즐겨야 한다. 일몰이 시작되면 우아카치나 마을은 더욱 사랑스러운 모습으로 변한다. 이카에서 택시로 이동하는 데 10분에서 15분 정도 소요된다.

이동 방법

버스 아레키파 – 이카: 약 12시간
리마 – 이카: 약 4시간
쿠스코 – 이카: 약 17시간

리마(Lima)

태평양 연안에 위치한 페루의 수도 리마. 페루 인구의 3분의 1이 살고 있다. 사막 도시로 매우 건조하며, 현대와 과거의 문명이 공존한다.

1 아르마스 광장(Plaza de Armas)

센트로 지역에 있는 중앙 광장으로 세계 문화유산으로 지정되었다.

2 사랑의 공원(Parque del Amor)

미라플로레스 해안 절벽 위에 만들어진 소규모 테마 공원.

3 바랑코(Barranco)

미라플로레스 남쪽 해안에 위치한 휴양지다.

이동 방법

비행기 아레키파 – 리마: 약 1시간 30분
쿠스코 – 리마: 약 1시간 30분
로스앤젤레스 – 리마: 약 9시간
멕시코시티 – 리마: 약 6시간

버스 이카 – 리마: 약 4시간
우아라스 – 리마: 약 8시간
쿠스코 – 리마: 약 22시간

우아라스(Huaraz)

남미의 히말라야라 불리는 우아스카란 국립 공원(Parque Nacional Huascarán)이 있다. 산타크루즈, 69호수, 빙하 트레일 등 트레킹의 전진 도시이다.

1 산타크루즈(Santa Cruz) 트레일

알파마요 산(Alpamayo, 5,947m)을 완벽하게 조망하며 걷는 산타크루즈 트레일은 세계에서 가장 인기 있는 트레일 코스 중 하나다.

2 69 호수 트레일

에메랄드 색의 물빛이 아름다운 69 호수(Laguna 69, 4,600m)를 보러 가는 트레일이다.

3 파스토루리(Pastoruri, 5,050m) 빙하 트레일

우아스카란 국립 공원을 산타크루즈나 69 호수보다는 수월하게 즐길 수 있다.

이동 방법

버스 리마－우아라스: 약 8시간
트루히요－우아라스: 약 7시간

에콰도르

적도가 지나가며 화산이 많은 나라다.

쿠엥카(Cuenca)

도시 전체가 유네스코 문화유산으로 지정된 아름다운 고대 도시다.

1 까하스 국립 공원(Parque Nacional Cajas)

호수, 계곡, 이끼 언덕이 지천이며 잉카의 정원이라 불린다. 1일 입장객을 92명으로 제한해 국립 공원의 자연을 철저히 관리한다. 희귀한 식물들의 군락지이기도 하다.

이동 방법

비행기 키토 – 쿠엥카: 약 1시간

버스 리오밤바 – 쿠엥카: 약 5시간
바뇨스 – 쿠엥카: 약 8시간
키토 – 쿠엥카: 약 10시간

리오밤바(Riobamba)

침보라소에 가기 위한 도시. 침보라소 산(Volcán Chimborazo)은 지구의 중심부에서 쟀을 때 가장 높은 산이다.

이동 방법

버스 바뇨스 – 리오밤바: 2시간
쿠엥카 – 리오밤바: 5시간

바뇨스(Baños)

다양한 액티비티를 저렴한 가격에 즐길 수 있어서 여행객들에겐 빼 놓을 수 없는 도시다.

1 **세상 끝 그네**(Casa del Arbol)
통구라우아 화산(Volcán Tungurahua, 5,023m)을 바라보며 그네를 탄다.

2 **파스타사 강 래프팅**
파스타사 강(Río Pastaza)의 급류에서 스릴 있는 래프팅을 즐길 수 있다.

3 **악마의 폭포**(Pailon del Diablo)
폭포 바로 옆에서 떨어지는 물줄기를 만끽할 수 있다.

이동 방법

버스 리오밤바 – 바뇨스: 약 3시간
키토 – 바뇨스: 약 4시간

킬로토아 호수(Laguna Quilotoa)

에콰도르는 갈라파고스 섬으로 유명하지만 60여 개의 휴화산과 18개의 활화산이 있는 화산의 나라이기도 하다. 킬로토아는 800년 전 화산 폭발로 형성된 지름 약 3km의 칼데라 호수다. 킬로토아 루프를 걸으면 킬로토아 호수의 멋진 모습을 제대로 음미할 수 있다.

이동 방법

🚌 버스 라타쿤가 – 킬로토아 호수: 약 2시간

키토(Quito)

에콰도르의 수도로 적도선이 지나는 도시다. 해발 2,850m의 고산 지역이어서 사계절 내내 봄처럼 선선한 날씨가 계속된다.

1 **바실리카 대성당**(Basilica del Voto Nacional)

100년 전에 건축을 시작한 이래 아직도 건축 중인 성당이다. 첨탑으로 올라가는 전망대에 오르면 키토 시내가 한눈에 들어온다.

2 **천사상**(Virgen de El Panecillo)

엘 파네시요 언덕에 세워진 거대한 성모상. 언덕에 오르면 키토 시내를 조망할 수 있다.

3 **인티냔 적도 박물관**(Museo Solar Intiñan)

적도가 지나는 선에 세워진 박물관으로 여러 가지 과학적 실험으로 북반구와 남반구의 차이를 보여준다.

이동 방법

✈ 비행기 보고타 – 키토: 약 1시간 40분
리마 – 키토: 2시간

🚌 버스 바뇨스 – 키토: 약 4시간
오타발로 – 키토: 약 2시간

코토팍시(Cotopaxi)

세계에서 가장 높은 활화산이다. 키토나 라타쿤가(Latacunga)에서 투어를 통해 코토팍시에 오를 수 있다.

이동 방법

버스 키토 – 코토팍시: 약 2시간
라타쿤가 – 코토팍시 : 약 2시간

오타발로(Otavalo)

매주 토요일에 남미 최대의 가축 시장이 열린다. 인디헤나의 고향이다.

이동 방법

버스 키토 – 오타발로: 약 2시간
이바라 – 오타발로: 약 40분

콜롬비아

브라질, 베트남에 이어 세계에서 세 번째로 커피 생산량이 높다.

이피알레스(Ipiales, 2,898m)

에콰도르와 콜롬비아의 국경에 있는 도시로 국경을 육로로 통과하는 경우라면 반드시 거쳐야만 한다. 계곡 절벽에 세워진 라스 라하스 성당(Santuario de Las Lajas)은 많은 관광객들이 방문한다.

이동 방법

버스 칼리 – 이피알레스: 약 2시간
이바라 – 오타발로: 약 40분

칼리(Cali)

살사의 도시. 1년 내내 여름이 계속된다.

이동 방법

비행기 보고타 – 칼리: 약 1시간
메데인 – 칼리: 약 1시간
버스 칼리 – 이피알레스: 약 10시간
보고타 – 칼리: 약 11시간
아르메니아 – 칼리: 약 3시간

살렌토(Salento, 1,895m)

커피 농장 투어와 코코라 계곡(Valle de Cocora) 트레일이 유명하다.

이동 방법

버스 아르메니아 – 살렌토: 약 40분
보고타 – 아르메니아 – 살렌토: 약 9시간
메데인 – 살렌토: 약 5시간

보고타(Bogota, 2,640m)

콜롬비아의 수도. 안데스 산맥 기슭에 있는 도시로 온도 변화가 적으며 1년 내내 서늘하다.

1 **황금 박물관**(Museo del Oro)
콜롬비아 전역에서 수집한 모든 전시품들이 금으로 만들어졌다.

2 **라 칸델라리아**(La Candelaria)
보고타의 옛 시가지로 다양한 벽화와 조각상이 있다.

3 **보테로 미술관**(Museo Botero)
페르난도 보테로(Fernando Botero)는 콜롬비아의 화가이자 조각가다. 모든 사물을 부풀려서 패러디한 작품으로 유명하다. 보테로 미술관에서는 무료로 관람할 수 있다.

4 **몬세라테 언덕**(Cerro de Monserrate)
보고타 시내를 조망할 수 있는 곳으로 정상에는 몬세라테 성당이 있다.

5 볼리바르 광장(Plaza Bolívar)

보고타 센트로에 있는 중앙 광장. 많은 시민들이 쉬어가는 장소이자 각종 시위의 중심지이기도 하다.

6 우사켄 시장(Mercado Usaquen)

우사켄에서 일요일마다 열리는 시장으로 콜롬비아 전통 방식으로 만든 모칠라 가방을 비롯한 각종 수공예품이 가득하다.

7 시파키라 소금 성당(Catedral de Sal de Zipaquirá)

보고타에서 북쪽으로 1시간 거리에 있다. 소금 광산에 만들어진 성당으로 독특한 조명과 소금 광석을 이용한 다양한 조형물을 볼 수 있다.

이동 방법

비행기 키토 – 보고타: 약 1시간 40분
메데인 – 보고타: 약 1시간

버스 살렌토 – 아르메니아 – 보고타: 약 9시간
툰하 – 보고타: 약 3시간
메데인 – 보고타: 약 9시간

비야 데 레이바(Villa de Leyva)

스페인풍의 백색 도시로 한적한 소도시다. 콜롬비아 사람들이 좋아하는 휴양지이기도 하다.

이동 방법

버스 보고타 – 비야 데 레이바: 약 4시간
툰하 – 비야 데 레이바: 약 1시간

구이칸(Guican)

코쿠이 트레킹을 위한 전진 도시다. 시에라 네바다 델 코쿠이 국립 공원(Parque Natural Sierra Nevada del Cocuy)은 남아메리카 최대의 빙하가 모여 있는 곳이다.

이동 방법

버스 툰하 – 구이칸: 약 7시간
보고타 – 구이칸: 약 9시간

소가모소(Sogamoso)

콜롬비아의 다른 지역과는 색다른 자연에서 트레킹을 즐길 수 있다.

이동 방법

버스 툰하 – 소가모소: 약 1시간

산힐(San Gil)

에콰도르의 바뇨스처럼 패러글라이딩, 래프팅, 계곡을 온몸으로 느낄 수 있는 캐녀닝 등 각종 액티비티를 즐길 수 있다. 근교에는 콜롬비아에서 가장 예쁜 마을이라는 바리차라(Barichara)가 있다.

이동 방법

버스 보고타 – 산힐: 약 7시간
툰하 – 산힐: 4시간

산타마르타(Santa Marta)

콜롬비아 북쪽의 카리브 해안에 있는 항구 도시다. 타강가, 민카, 잃어버린 도시, 타이로나 국립 공원을 가기 위해서는 반드시 거쳐야 한다.

1. **타강가**(Taganga)
   한적한 작은 어촌 마을로 쉬어가기 좋은 도시이다.
2. **민카**
   해발 고도가 660m인데다 시에라 네바다 산맥에 둘러싸여 있어서 북쪽의 다른 도시들에 비해서 많이 시원하다.
3. **타이로나 국립 공원**(Parque Nacional Natural Tayrona)
   정글과 아름다운 해변을 동시에 즐길 수 있다.
4. **시우다드 페르디다**
   타이로나 원주민의 마을인 잃어버린 도시 트레일이 있다.

이동 방법

비행기 리마 – 산타마르타: 약 3시간
보고타 – 산타마르타: 약 1시간 30분
메데인 – 산타마르타: 약 1시간 20분

버스 카르타헤나 – 산타마르타: 약 5시간
산힐 – 산타마르타: 약 12시간
메데인 – 산타마르타: 약 13시간

바랑키야(Barranquilla)

남미에서 두 번째로 큰 카니발이 열린다. 매년 사순절 전 4일간 열리며 콜롬비아의 다양한 문화와 춤을 볼 수 있다.

이동 방법

✈ 비행기 보고타 – 바랑키야: 약 1시간 30분
메데인 – 바랑키야: 약 1시간 15분

🚌 버스 산타마르타 – 바랑키야: 약 2시간

메데인(Medellín)

콜롬비아 제2의 도시로 마약왕 파블로 에스코바르(Pablo Escobar)의 마약 밀매 조직인 메데인 카르텔(Medellín Cartel)로 유명하며, 미술가 보테로의 고향이기도 하다. 마약 도시 이미지를 탈피해 새롭게 바뀌고 있다.

이동 방법

✈ 비행기 보고타 – 메데인: 약 1시간
리마 – 메데인: 3시간 10분

🚌 버스 보고타-메데인: 약 9시간
산타마르타 – 메데인: 약 13시간

구아타페(Guatape)

알록달록한 작은 집들로 가득한 소도시. 도시 전체가 관광객으로 차고 넘친다.

1 엘 페뇰(El Peñol)

엘 페뇰 입구에는 세상에서 가장 아름다운 뷰를 가진 바위라는 글이 써 있다.

이동 방법

버스 　보고타 – 구아타페: 약 1시간 30분

안데스의 햇살, 바람 그리고 산
남미가 나를 부를 때

펴낸날 초판 1쇄 2018년 6월 26일

지은이 김영미
펴낸이 심만수
펴낸곳 (주)살림출판사
출판등록 1989년 11월 1일 제9-210호

주소 경기도 파주시 광인사길 30
전화 031-955-1350 팩스 031-624-1356
홈페이지 http://www.sallimbooks.com
이메일 book@sallimbooks.com

ISBN 978-89-522-3940-2 03980

※ 값은 뒤표지에 있습니다.
※ 잘못 만들어진 책은 구입하신 서점에서 바꾸어 드립니다.

이 도서의 국립중앙도서관 출판시도서목록(CIP)은 서지정보유통지원시스템 홈페이지(http://seoji.nl.go.kr)와 국가자료공동목록시스템(http://www.nl.go.kr/kolisnet)에서 이용하실 수 있습니다.(CIP제어번호: CIP2018018736)

책임편집·교정교열 한나래